高等院校现代机械设计系列教材

机械原理与机械设计实验

第 2 版

主　编　兰月政　翟之平

副主编　刘长增　任月颖　赵　宇

参　编　巩勇智　裴　刚　屈子超

　　　　赵立翔　高　波

机械工业出版社

本书是在"机械原理"与"机械设计"课程教学体系及内容改革研究和实践的基础上结合目前的教学仪器设备编写的,全书共包括八个"机械原理"课程实验(实验一～实验八)和十个"机械设计"课程实验(实验九～实验十八)。本书紧密结合"机械原理"与"机械设计"课程实验教学要求,以培养学生解决复杂工程问题的创新能力和实践动手能力为目标,加强学生对"机械原理"与"机械设计"基本理论的理解,提高学生的基本技能及机械设计能力。

本书可作为高等院校机械类、近机械类及其他专业"机械原理""机械设计""机械设计基础"等课程的配套实验教材,也可供相关专业的工程技术人员参考。

图书在版编目(CIP)数据

机械原理与机械设计实验／兰月政,翟之平主编.
2 版. -- 北京：机械工业出版社,2025. 3. --(高等院校现代机械设计系列教材). -- ISBN 978-7-111-77808
-0

Ⅰ. TH111-33；TH122-33

中国国家版本馆 CIP 数据核字第 2025GS3883 号

机械工业出版社(北京市百万庄大街 22 号　邮政编码 100037)
策划编辑：余　皞　　　　　　责任编辑：余　皞　章承林
责任校对：陈　越　张昕妍　　封面设计：张　静
责任印制：邓　博
北京盛通数码印刷有限公司印刷
2025 年 4 月第 2 版第 1 次印刷
184mm×260mm · 11. 5 印张 · 281 千字
标准书号：ISBN 978-7-111-77808-0
定价：34. 80 元

电话服务　　　　　　　　　网络服务
客服电话：010-88361066　　机　工　官　网：www.cmpbook.com
　　　　　010-88379833　　机　工　官　博：weibo.com/cmp1952
　　　　　010-68326294　　金　书　网：www.golden-book.com
封底无防伪标均为盗版　机工教育服务网：www.cmpedu.com

前 言

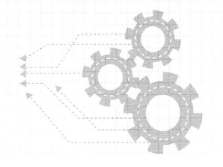

机械原理与机械设计实验是机械类专业"机械原理"与"机械设计"课程的重要组成部分，其教学目的是通过实验加强学生对机械原理和机械设计理论与工程实践的理解，培养学生的实验能力和操作技能。通过完成课程的实验，也有助于提高学生解决复杂工程问题的能力。

本书可作为机械类及近机械类专业"机械原理"与"机械设计"课程的实验教材，可以满足不同学生的使用要求。实验项目可以根据实际的实验设备及课程标准要求选择完成。

为了更好地适应当前"机械原理"与"机械设计"课程体系改革的需要，同时满足人才培养突出"成果导向"的理念，根据全国高校"机械原理与机械设计实验"课程标准要求，编写了本书。

本书由内蒙古工业大学兰月政、翟之平、刘长增、任月颖、巩勇智及齐齐哈尔大学赵宇等教师编写完成。全书由兰月政、翟之平统稿。

在本书的编写过程中，内蒙古工业大学裴刚、屈子超、赵立翔、高波等参与编写并完成了大部分插图绘制工作，机械设计部其他老师都对本书的编写提供了热忱的支持和帮助。在此向一直从事、关心和支持机械原理与机械设计理论教学及实验教学改革的同仁们表示衷心的感谢！

由于编者水平有限，书中漏误及不当之处在所难免，敬请各位从事"机械原理"与"机械设计"课程及实验教学的教师及其他读者批评指正，以便今后不断修改完善，在此深表感谢！

编　者

目　录

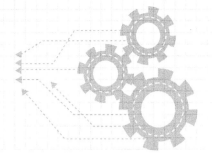

实验一

机构运动简图的测绘和分析实验

对现有机械进行运动分析和受力分析或设计新机构时，都需要画出能表明机构组成情况和运动情况的机构简图。从运动学观点来看，机构的运动仅与组成机构的构件和运动副的种类、数目以及它们之间的相互位置有关，而与构件的复杂外形、断面大小、运动副的构造无关，为了简单明了地表示一个机构的组成及运动情况，可以不考虑那些与运动无关的因素（如机构外形、断面尺寸、运动副的结构）。机构运动简图是国家标准（GB/T 4460—2013）规定的用简单的线条表示构件，用规定的符号表示运动副，按一定的比例尺绘制的机构简图；如果不按比例绘制的机构简图称为机构示意图。

一、实验目的

1）能够说明生产中实际使用机器的用途、工作原理及机构组成情况。
2）能够解释机构的组成，计算机构自由度的意义及其计算方法。
3）能够运用绘制机构运动简图的基本方法和步骤对实物模型进行测绘。

二、设备与工具

1）压力机、液压泵等机械模型若干。
2）工具：钢卷尺、卡尺或三角板等。
3）铅笔、圆规、直尺、橡皮、草稿纸（此项自备）。

三、实验原理

1. 机构运动简图

机构运动简图是表示机构运动特性与传动方案的简化图形。它使用简单的线条和规定的符号代表构件和运动副，按一定的比例尺绘制出各运动副之间的相对位置。

视图平面应该选择平面机构的运动平面或与其平行的平面；用简单的线条和规定的符号绘制构件和运动副时，应摒弃构件和运动副中与运动无关的形状及固连方式；机构的运动尺寸指各运动副之间的相对位置尺寸，初学者容易忽略的是各固定铰链、移动副的定位尺寸；机构运动简图的比例用 μ_1 表示。

如构件实际尺寸为 0.5m，简图中用 50mm 表示，则其比例尺 $\mu_1 = 0.5\text{m}/50\text{mm} = 0.01\text{m}/\text{mm}$。注意：$\mu_1$ 与机构制图中的比例尺不同，μ_1 是有单位的，计算式中分子、分母与机械制图比例尺中的相反。μ_1 的单位用 m/mm 是为了与对机构做运动分析时的速度单位（m/s）、加速度单位（m/s^2）相对应，计算方便。

2. 平面机构自由度计算公式

平面机构自由度计算公式为

$$F = 3n - 2P_L - P_H$$

式中　F——机构自由度；

　　　n——活动构件数；

　　P_L——低副数；

　　P_H——高副数。

计算机构的自由度时应注意：

1）当 m（$m>2$）个构件在同一处以转动副连接，构成复合铰链时，共有（$m-1$）个转动副。

2）某构件所产生的局部运动不影响其他构件的运动，则这种局部运动的自由度称局部自由度。在计算机构自由度时，应将局部的自由度除去，产生局部运动的构件也不计构件数。

3）有些构件的运动副带入的约束对机构运动只起重复约束作用，称这种约束为虚约束，在计算机构自由度时，应去除虚约束数，即将形成虚约束的构件和运动副去除。

3. 基本杆组分析

任何机构都可看作是由若干个基本杆组依次连接于主动件和机架上构成的。

基本杆组是不能再拆的、最简单的、自由度为零的构件组。它包括Ⅱ级杆组、Ⅲ级杆组和Ⅳ级杆组等。

拆分杆组应从远离主动件处着手，先试拆 $n=2$ 的Ⅱ级杆组；如若不能，再试拆 $n=4$ 或 $n=6$ 的Ⅲ级杆组，最后试拆组成四边形的 $n=4$ 或 $n=6$ 的Ⅳ级杆组。剩下的是主动件和机架。拆分杆组时应注意：每拆下一个基本杆组后，剩下的仍应是一个自由度不变的完整机构。

同一机构中可以包含不同级别的基本杆组。把最高级别为Ⅱ级杆组的基本杆组构成的机构称为Ⅱ级机构；把最高级别为Ⅲ级杆组的基本杆组构成的机构称为Ⅲ级机构。

对含有高副的平面机构进行结构分析时，可根据一定的条件，将高副虚拟地以低副来代替，称高副低代，然后再对虚拟的低副机构进行分析。高副低代必须满足如下条件：

1）替代前后机构的自由度完全相同。

2）替代前后机构的瞬时速度和瞬时加速度完全相同。

四、实验方法及步骤

1）缓慢驱动被测绘的机械模型，仔细观察各构件的运动，分清各运动单元，从而确定机构构件的数目。

2）根据相连接两构件间的接触情况及相对运动性质，确定各运动副的类型。

3）恰当的选择投影面，一般选机构中多数构件的运动平面为投影面。在草稿纸上画出机构示意图。用阿拉伯数字 1、2、3、…依次标注各构件，用大写英文字母 A、B、C、…分别标注各运动副，在主动件上标注箭头，代表运动方向。

4）认真测量与机构运动有关的尺寸，并标注在草图上（即机构示意图上）。

5）选长度比例尺 $\mu_1 = \dfrac{\text{实际长度}}{\text{图示长度}}$（m/mm），在实验报告纸上画出机构运动简图。

6）计算机构自由度，并检验与机构主动件数目是否一致。

常用的机构运动简图符号见表 1-1，一般构件的表示方法见表 1-2，常用平面运动副的简图符号见表 1-3。

表 1-1　常用的机构运动简图符号

名称	基本符号	名称	基本符号
在支架上的电动机		齿轮齿条传动	
带传动		锥齿轮传动	
链传动		圆柱蜗杆传动	
摩擦轮传动		凸轮机构	
齿轮传动外啮合圆柱		槽轮机构	外啮合　内啮合
齿轮传动内啮合圆柱		棘轮机构	

表 1-2　一般构件的表示方法

构件类型	表示方法
杆、轴类构件	
固定构件	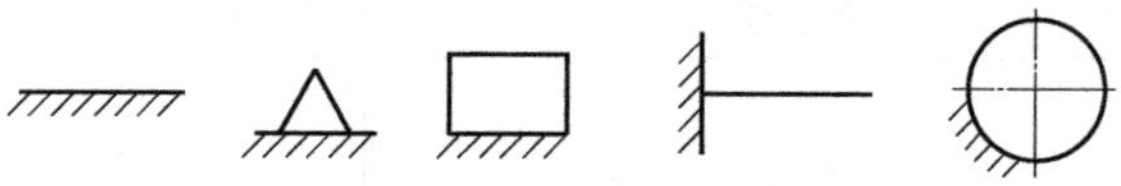
同一构件	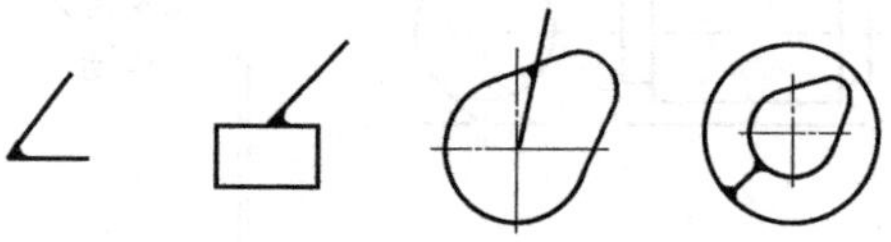
两副构件	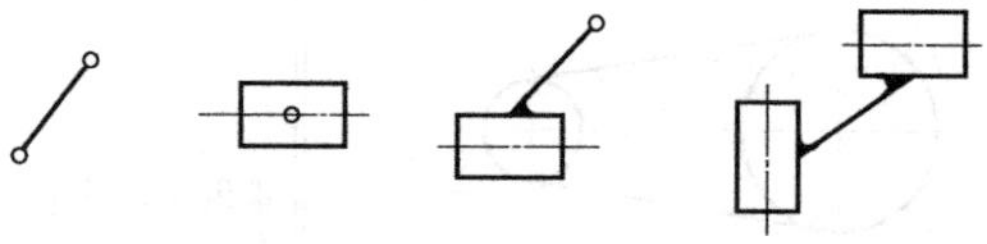
三副构件	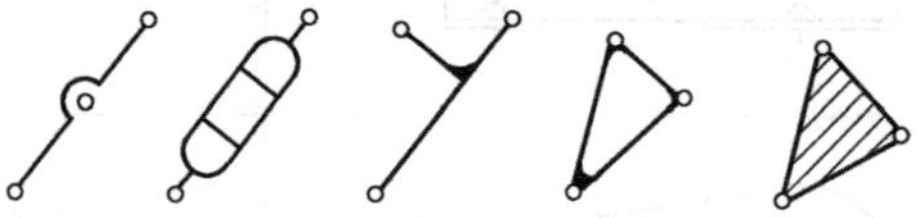

表 1-3　常用平面运动副的简图符号

名称	运动副符号	
	两运动构件构成的运动副	两构件之一为固定时的运动副
转动副	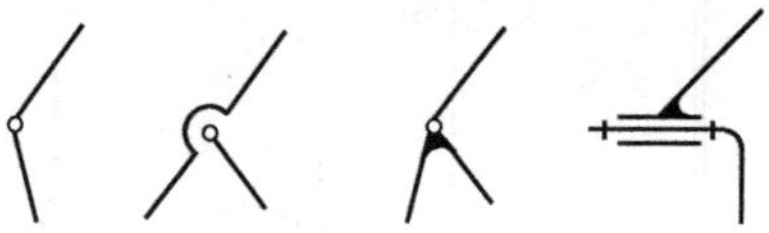	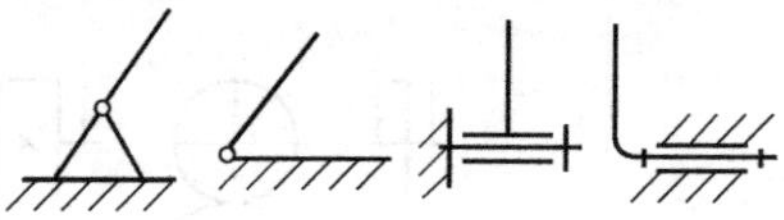
移动副	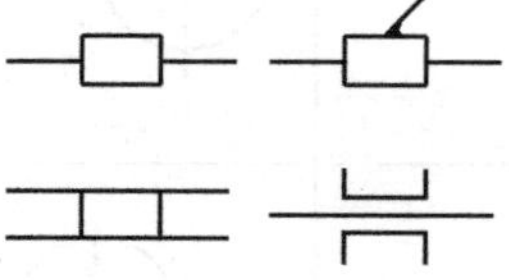	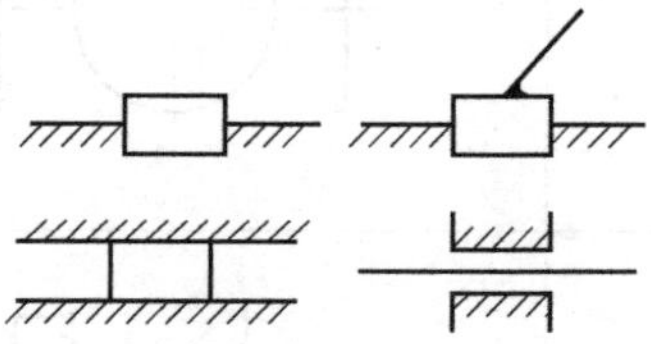
平面高副		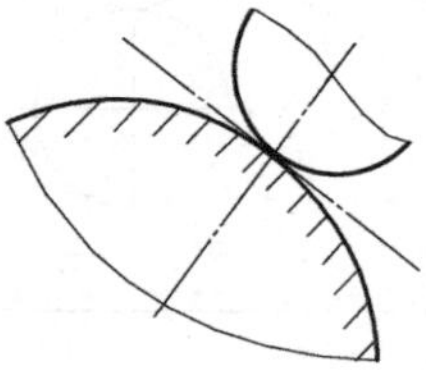

五、测绘对象与要求

1. 测绘对象

1）曲柄滑块压力机模型。

2）转动导杆泵模型。

3）差动轮系模型。

4）牛头刨床模型。

5）抛光机模型。

6）其他测绘模型（装订机机构模型、制动机构模型、颚式破碎机模型、铆钉机构模型）。

测绘模型图见表 1-4。

表 1-4　测绘模型图

名称	图形	名称	图形	名称	图形
曲柄滑块压力机模型		牛头刨床模型		制动机构模型	
转动导杆泵模型		抛光机模型		颚式破碎机模型	
差动轮系模型		装订机机构模型		铆钉机构模型	

2. 要求

对每一测绘对象在实验报告单上完成下列各项内容：

1）写出长度比例尺 μ_1。

2）画出机构运动简图。

3）计算机构自由度 F。

六、举例

图 1-1 所示为偏心轮机构，按照实验方法与步骤绘制该机构的运动简图，并计算其自由度。

1）观察该机构，该机构共由 4 个构件组成，其中偏心轮 2 为主动件。构件 1 为机架，与构件 2 在 A 处铰接，构件 2 与构件 3 在 B 处铰接，构件 3 与构件 4 组成移动副，构件 4 与构件 1 在 C 处铰接。各构件的形式如图 1-2 所示。

注意：在观察机构的过程中，先数清构件，再观察构

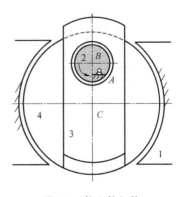

图 1-1　偏心轮机构

件与构件之间的运动副组成情况，便可把构件画出来，不要考虑构件的结构形式。

2）根据该机构的运动情况，可选择其运动平面（垂直于偏心轮轴线的平面）作为投影面。

3）根据机构的运动尺寸，按照比例尺确定各运动副之间的相对位置；然后用简单的线条和规定的符号绘制机构运动简图，如图1-3所示。

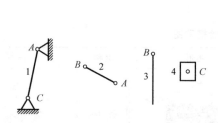
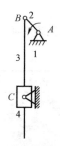

图1-2　构件的形式　　　　　　　　　　图1-3　偏心轮机构简图

再进一步观察和分析，构件3与构件4结构组成如图1-4a所示，因包容关系的不同，所组成的移动副有图1-4b所示的两种情况。所以该偏心轮的机构简图为两种结果：曲柄摇块机构（图1-5a）和曲柄导杆机构（图1-5b）。

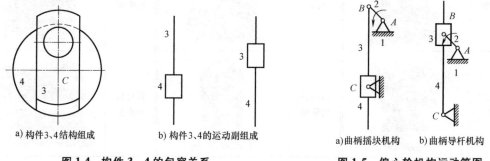

a) 构件3、4结构组成　　　b) 构件3、4的运动副组成　　　　a)曲柄摇块机构　　b)曲柄导杆机构

图1-4　构件3、4的包容关系　　　　　　图1-5　偏心轮机构运动简图

4）计算机构自由度。从机构运动简图可知：活动构件数 $n=3$，低副数 $P_L=4$，高副数 $P_H=0$，故机构自由度 $F=3n-2P_L-P_H=3\times3-2\times4-0=1$，而该机构只有一个主动件，与机构的自由度数相同，所以该机构具有确定的相对运动。

七、思考题

1）绘制机构运动简图的意义是什么？

2）机构运动简图应包含哪些内容？

3）机构自由度的含义是什么？

4）在绘制机构运动简图时，主动件取在不同的位置，会不会影响机构运动简图的正确性？

5）机构自由度的计算对测绘机构运动简图有何帮助？

机构运动简图测绘实验报告

实验日期：_____年____月____日
班级：_____姓名：_____指导教师：_____成绩：_____

一、测绘
机构名称：（1）
比例尺：$\mu_1 =$

活动构件数目 n		机构自由度的计算	$F = 3n - 2P_{\mathrm{L}} - P_{\mathrm{H}}$
低副数目 P_{L}			
高副数目 P_{H}			

机构名称：（2）

比例尺：$\mu_1 =$

活动构件数目 n		机构自由度的计算	$F=3n-2P_{\mathrm{L}}-P_{\mathrm{H}}$
低副数目 P_{L}			
高副数目 P_{H}			

机构名称：（3）

比例尺：$\mu_1 =$

活动构件数目 n		机构自由度的计算	$F = 3n - 2P_L - P_H$
低副数目 P_L			
高副数目 P_H			

机构名称：（4）

比例尺：$\mu_l =$

活动构件数目 n		机构自由度的计算	$F = 3n - 2P_L - P_H$
低副数目 P_L			
高副数目 P_H			

机构名称：（5）

比例尺：$\mu_1 =$

活动构件数目 n		机构自由度的计算	$F=3n-2P_{\mathrm{L}}-P_{\mathrm{H}}$
低副数目 P_{L}			
高副数目 P_{H}			

二、思考题

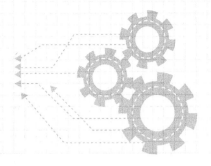

实验二

齿轮展成原理实验

齿轮机构是应用最为广泛的一种传动机构。在实际工程中常用的齿轮包含渐开线、摆线和圆弧三种齿廓的齿轮。在工程中，齿轮齿廓的制造方法很多，其中以用展成法制造最为普遍，因此，有必要对这种方法的基本原理及形成过程加以研究。通过本实验，可加深对渐开线直齿圆柱齿轮展成加工过程的理解，了解根切现象和齿顶变尖现象，进一步了解工程上采用变位齿轮的意义。

一、实验目的

1）能够说明渐开线齿轮产生根切现象和齿顶变尖现象的原因及用变位来避免发生根切的方法。

2）能够说明插齿机的工作原理及传动原理。

3）能够运用展成仪绘制渐开线齿轮齿廓曲线，并观察齿廓曲线的形成过程。

4）能够运用变位修正法解决齿轮根切问题并绘制变位齿轮齿廓曲线。

5）能够区分渐开线标准齿轮和变位齿轮齿形的异同点。

二、设备与工具

1）齿轮展成仪。

2）自备：A4 图纸一张、铅笔、橡皮、圆规、三角板、剪刀、计算器等。

3）教学用插齿机综合实验台。

三、实验原理

展成法是齿轮加工方法的一种。加工时刀具与工件做相对展成运动，刀具刃廓为渐开线齿轮（或齿条）形状，刀具和工件的瞬心线相互做纯滚动。显然，这样切制得到的轮齿齿廓就是刀具的刃廓在各个位置时的包络线。

齿轮展成仪所用的两把刀具模型为齿条型插齿刀，其参数分别为 $m_1 = 20\text{mm}$ 和 $m_2 = 8\text{mm}$，$\alpha = 20°$，$h_a^* = 1$，$c^* = 0.25$。展成仪如图 2-1 所示。旋转齿盘 2 代表齿轮加工机床的工作台；固定在它上面的圆形纸代表被加工齿轮的轮坯，它

图 2-1　展成仪
1—螺母与压板　2—旋转齿盘　3—齿条刀
4—移动齿条　5—机架

们可以绕机架 5 上旋转齿盘 2 的回转轴线转动。齿条刀 3 代表切齿刀具，安装在移动齿条 4

上，移动齿条 4 移动时，齿轮齿条使旋转齿盘 2 与移动齿条 4 做纯滚动，用铅笔依次描下齿条刃廓各瞬时位置，即可包络出渐开线齿廓。齿条刀 3 可以相对于旋转齿盘做径向移动，当齿条刀中线与轮坯分度圆之间移距为 xm 时（由移动齿条 4 上的刻度指示），被切齿轮分度圆则与刀具中线相平行的节线相切并做纯滚动，可切制出标准齿轮（$xm = 0$）、正变位（$xm>0$）或负变位（$xm<0$）齿轮的齿廓。

四、实验内容

本实验分为展成法切制渐开线齿轮实验与教学用插齿机综合拓展实验两部分。

1. 展成法切制渐开线齿轮实验

必做：要求完成切制 $m = 20$mm、$z = 8$ 的标准、正变位（$x_1 = 0.55$）和负变位（$x_2 = -0.55$）渐开线齿廓，三种齿廓每种都须画出两个完整的齿形，比较这三种齿廓。

选做：要求完成切制 $m_1 = 20$mm、$z_1 = 8$ 和 $m_2 = 8$mm、$z_2 = 20$ 的标准渐开线齿廓，两种齿廓每种都须画出两个完整的齿形，比较这两种齿廓。

2. 教学用插齿机综合拓展实验

插制一个蜡制毛坯的直齿圆柱齿轮。观察刀具与工件之间的四个相对运动（切削运动、展成运动、进给运动、让刀运动）是如何实现的。分析各个相对运动的传动路线特点，绘制传动环节装配图，编写说明书，最后进行拆装训练。

五、实验步骤

1. 展成法切制渐开线齿轮实验

（1）计算各参数尺寸　按 $m = 20$mm、$z = 8$、$\alpha = 20°$、$h_a^* = 1$、$c^* = 0.25$、$x_1 = 0.55$、$x_2 = -0.55$ 分别计算标准、正变位、负变位三种渐开线齿廓的分度圆直径 d、齿顶圆直径 d_a、齿根圆直径 d_f、基圆直径 d_b 和标准齿轮的齿距 p、分度圆齿厚 s、齿间距 e。并绘制三种齿廓的分度圆、齿顶圆、齿根圆和基圆。

（2）绘制标准齿轮齿廓

1）将轮坯圆纸安装在展成仪上，旋紧螺母压紧圆纸，如图 2-2a 所示。

2）调整齿条刀的位置，使其分度线与轮坯分度圆相切，并将齿条刀与移动齿条固紧，保持齿条刀水平，如图 2-2b 所示。

a)　　　　　　　　　　　　b)

图 2-2　轮坯圆纸安装及对刀方法

3）将齿条刀推至一边极限位置，依次移动齿条刀（单向移动，每次移动 1~3mm），并依次用铅笔描出刀具齿廓各瞬时位置，要求绘出两个以上完整齿形，绘制过程如图 2-3 所示。

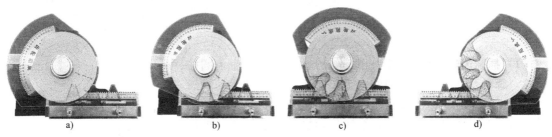

a)   b)   c)   d)

图 2-3 展成法绘制轮廓示意图

4）观察根切现象。

（3）绘制正变位齿轮齿廓

1）松动压紧螺母，更换正变位轮坯圆纸并压紧。

2）将齿条刀分度线调整到远离轮坯分度圆 $x_1 m = 0.55 \times 20\mathrm{mm} = 11\mathrm{mm}$ 处，并将齿条刀与移动齿条固紧。

3）绘制出两个以上完整齿形。

4）观察此齿形与标准齿形的区别。

（4）绘制负变位齿轮齿廓

1）松动压紧螺母，更换负变位轮坯圆纸并压紧。

2）将齿条刀分度线调整到靠近轮坯分度圆中心，距分度圆 $|x_2 m| = |-0.55 \times 20|\mathrm{mm} = 11\mathrm{mm}$ 处，并将齿条刀与移动齿条固紧。

3）绘制出两个以上完整齿形。

4）观察此齿形与标准、正变位齿形的区别及根切现象。

（5）选做部分

1）按 $m_1 = 20\mathrm{mm}$、$z_1 = 8$、$\alpha = 20°$、$h_a^* = 1$、$c^* = 0.25$ 及 $m_2 = 8\mathrm{mm}$、$z_2 = 20$、$\alpha = 20°$、$h_a^* = 1$、$c^* = 0.25$ 制造齿轮，分别计算并画出上述两种标准齿轮的分度圆 d、齿顶圆 d_a、齿根圆 d_f 及基圆 d_b。

2）绘制 $m_1 = 20\mathrm{mm}$、$z_1 = 8$、$\alpha = 20°$、$h_a^* = 1$、$c^* = 0.25$ 的标准齿轮齿廓。

3）绘制 $m_2 = 8\mathrm{mm}$、$z_2 = 20$、$\alpha = 20°$、$h_a^* = 1$、$c^* = 0.25$ 的标准齿轮齿廓。

4）比较上述两种齿轮齿廓的异同点。

标准齿轮和变位齿轮绘制齿廓如图 2-4 所示。

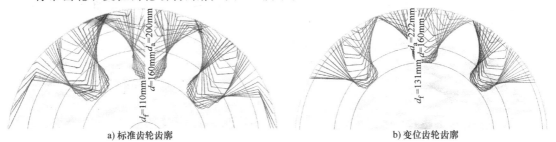

a)标准齿轮齿廓   b)变位齿轮齿廓

图 2-4 展成法齿轮齿廓

2. 教学用插齿机综合拓展实验

教学用插齿机综合实验台能够展现各传动环节的传动特点，学生可在试加工齿轮蜡模的过程中深入观察，分组绘制传动环节的原理图，进而提升综合能力，实验台外观结构如图2-5所示。

图 2-5　教学用插齿机综合实验台外观结构

1）插制齿轮及反求设计。插制一个蜡制毛坯的直齿圆柱齿轮。观察刀具与工件之间的四个相对运动（切削运动、展成运动、进给运动、让刀运动）是如何实现的。观察教学用插齿机工作原理与运动特点，绘制传动机构运动简图，进行传动比计算。

2）凸轮机构的运动分析。对教学用插齿机进给凸轮机构进行运动分析并绘制凸轮的轮廓曲线和零件工作图。

3）平面连杆机构的运动分析。对教学用插齿机切削运动传动机构中的曲柄滑块机构或进给运动传动机构中的曲柄摇杆机构进行运动分析，绘制从动件的运动曲线。

4）齿轮传动装置设计。对教学用插齿机中一级圆柱齿轮传动进行设计计算，绘制圆柱齿轮减速器的装配图，绘制1~2个零件（小齿轮、大齿轮、轴、箱体或箱盖）工作图，编写设计计算说明书，进行齿轮减速器的装拆实训。

5）蜗杆传动装置设计。对教学用插齿机中第一级蜗杆传动进行设计计算，绘制蜗杆减速器的装配图，绘制1~2个零件（蜗杆、蜗轮、轴或箱体）工作图，编写设计计算说明书，进行蜗杆减速器的装拆实训。

6）切削运动传动装置设计。对教学用插齿机切削运动的传动进行设计计算，绘制切削运动传动装置的装配图，绘制1~2个零件（链轮、轴或锥齿轮）工作图，编写设计计算说明书，进行切削运动传动装置的装拆实训。

7）刀具回转传动装置设计。对教学用插齿机刀具回转传动装置进行设计计算，绘制刀具回转传动装置的装配图，绘制1~2个零件（蜗杆、蜗轮、轴或锥齿轮）工作图，编写设计计算说明书，进行刀具回转传动装置的装拆实训。

8）工件回转传动装置设计。对教学用插齿机工件回转传动装置进行设计计算，绘制1~2个零件（链轮、蜗杆、蜗轮、轴或锥齿轮）工作图，编写设计计算说明书，进行工件回转传动装置的装拆实训。

9）进给运动传动装置设计。对教学用插齿机进给传动装置进行设计计算，绘制1~2个零件（链轮、蜗杆、蜗轮、棘轮、凸论、轴或锥齿轮）工作图，编写设计计算说明书，进行进给传动装置的装拆实训。

10）让刀运动传动装置设计。对教学用插齿机让刀传动装置进行设计计算，绘制1~2个零件（小圆柱齿轮、大圆柱齿轮、凸轮或轴）工作图，编写设计计算说明书，进行让刀传动装置的装拆实训。

11）结构变异（创新）设计。对教学用插齿机的部分结构进行变异设计，绘制新结构部件装配图，绘制零件工作图，编写设计计算说明书。

六、思考题

1）比较变位齿轮与标准齿轮加工刀具的位置与几何参数变化。

2）说明齿轮齿廓曲线是否完全都是渐开线。根切发生在基圆之内还是在基圆之外？

齿轮展成原理实验报告

实验日期：_____年____月____日
班级：_____姓名：_____指导教师：_____成绩：_____

一、齿轮展成仪基本参数

$m = $ _____ mm，$\alpha = $ _____，$h_a^* = $ _____，$c^* = $ _____，$z = $ _____

二、尺寸计算和比较

变位齿轮的最小变位系数 $x_{min} = $ _____

参数	单位	标准齿轮尺寸	变位齿轮	
			尺寸	与标准齿轮的比较
齿顶圆直径 d_a	mm			
分度圆直径 d	mm			
齿根圆直径 d_f	mm			
基圆直径 d_b	mm			
齿距 p	mm			
分度圆齿厚 s	mm			
分度圆齿间距 e	mm			

注：在"与标准齿轮的比较"一栏中，凡比标准齿轮尺寸大者用"+"号表示，小者用"-"表示，尺寸相同用"0"表示。

三、齿廓图（将绘出的齿廓图剪下一个完整齿厚和齿间距贴在报告纸上）

标准齿轮齿廓

变位齿轮齿廓

四、思考题

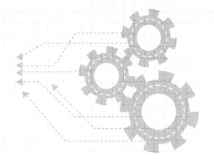

实验三

齿轮参数测定实验

在各种机器和设备的传动装置中，齿轮传动的应用非常广泛。齿轮传动的精度与齿轮、轴、箱体和轴承等零部件有关，尤其是齿轮本身的精度对保证齿轮传动性能起着重要的作用。齿轮参数测定是工程实际中常遇到的一个问题，在齿轮的设计、制造及修配中均有采用。本实验从齿轮参数的测绘入手，通过对齿轮参数的测量，促进学生理解和掌握齿轮设计的过程，增强工程意识。

一、实验目的

1）能够解释渐开线齿轮各部分名称、几何尺寸与基本参数之间的关系及渐开线的性质。

2）能够运用游标卡尺等测量工具测定相关数据，从而计算渐开线直齿圆柱齿轮的基本参数 m、α、h_a^*、c^*、x。

二、实验原理和方法

1. 模数 m 和压力角 α 的测定

公法线测量原理如图 3-1 所示。用游标卡尺（分度值为 0.05mm）跨 n 个齿，测得齿廓间公法线长度为 W_n，然后再跨（$n+1$）个齿，测得公法线长度为 W_{n+1}。由渐开线性质可知，两次测得的公法线长度之差为一个基节 p_b，即

$$W_{n+1} - W_n = (np_b + s_b) - \left[(n-1)p_b + s_b \right] = p_b$$

因基节又可写成 $p_b = p\cos\alpha = \pi m\cos\alpha$。

故有
$$m = \frac{W_{n+1} - W_n}{\pi\cos\alpha} \qquad (3\text{-}1)$$

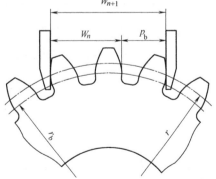

图 3-1 公法线测量原理

在确定 m 时，可先假定 α 为某一标准值，算出一个模数，再假定 α 为另一标准值，计算出相应模数，然后比较哪个模数更接近标准值。为避免多次试算，简便准确的方法是直接对照基节表 3-1，找出和表 3-1 相近的基节，查出对应的一组模数 m 与压力角 α 的标准值。

表 3-1 基节 p_b （单位：mm）

模数 m	$p_b = \pi m\cos\alpha$			模数 m	$p_b = \pi m\cos\alpha$		
	$\alpha = 20°$	$\alpha = 15°$	$\alpha = 14.5°$		$\alpha = 20°$	$\alpha = 15°$	$\alpha = 14.5°$
1	2.952	3.034	3.041	(1.058)	3.123	3.210	3.218

19

（续）

模数 m	$p_b = \pi m \cos\alpha$			模数 m	$p_b = \pi m \cos\alpha$		
	$\alpha = 20°$	$\alpha = 15°$	$\alpha = 14.5°$		$\alpha = 20°$	$\alpha = 15°$	$\alpha = 14.5°$
(1.155)	3.410	3.505	3.513	(3.629)	10.713	11.012	11.038
1.25	3.690	3.793	3.817	3.75	11.070	11.379	11.406
(1.270)	3.749	3.854	3.863	4	11.809	12.138	12.166
(1.411)	4.165	4.282	4.292	(4.233)	12.496	12.845	12.875
1.5	4.428	4.552	4.562	4.5	13.285	13.655	13.687
(1.588)	4.688	4.819	4.830	5	14.761	15.173	15.208
1.75	5.166	5.310	5.323	(5.080)	15.000	15.415	15.451
(1.814)	5.355	5.505	5.517	5.5	16.237	16.690	16.728
2	5.904	6.069	6.080	(5.644)	16.662	17.127	17.166
(2.117)	6.250	6.424	6.439	6	17.713	18.207	18.249
2.25	6.642	6.828	6.843	(6.350)	18.746	19.269	19.314
(2.309)	6.816	7.007	7.023	6.5	19.189	19.724	19.770
2.50	7.380	7.586	7.604	7	20.665	21.242	21.291
(2.540)	7.498	7.708	7.725	(7.257)	21.424	22.022	22.072
2.75	8.118	8.345	8.364	8	23.617	24.276	24.332
(2.822)	8.331	8.563	8.583	(8.467)	24.996	25.693	25.753
3	8.856	9.104	9.125	9	26.569	27.311	27.374
(3.175)	9.373	9.635	9.657	(9.236)	27.266	28.027	28.092
3.25	9.594	9.862	9.885	10	29.521	30.345	30.415
3.5	10.332	10.621	10.645				

2. 确定齿顶高系数 h_a^* 和顶隙系数 c^*

h_a^* 和 c^* 可由测量得到的齿顶圆和齿根圆直径按式（3-2）计算。

$$h = \frac{d_a - d_f}{2} = (2h_a^* + c^*)m$$

$$2h_a^* + c^* = \frac{d_a - d_f}{2m} \tag{3-2}$$

h_a^* 和 c^* 均应为标准值，参照表 3-2 可以确定出相应的一组 h_a^* 和 c^* 值。但由于制造时齿顶圆直径公差较大，变位齿轮还可能有齿顶降低等情况，故按式（3-2）计算的值与标准值可能有一定差距，这时要做一定分析判断。

表 3-2　常用的齿轮基本参数

齿形种类	国家标准	关键参数	α	h_a^*	c^*
标准齿形	GB/T 1357—2008	模数 m	20°	1	0.25
短齿形	GB/T 1356—2001			0.8	0.30

齿顶圆直径和齿根圆直径的测定方法如图 3-2 所示。

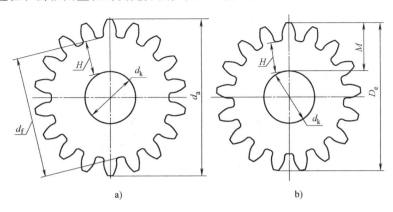

a)   b)

图 3-2 齿顶圆直径和齿根圆直径的测定方法

对偶数齿，齿顶圆直径 d_a 和齿根圆直径 d_f 可按图 3-2a 所示方法直接测量；对奇数齿，齿根圆直径 d_f 可通过测量 d_k 和 H 值再按式（3-3）计算

$$d_f = d_k + 2H \tag{3-3}$$

齿顶圆直径 d_a 可由测量的 D_e 值乘以校正系数 K 计算，或由测量的 d_k 和 M 值，按式（3-5）计算。

$$d_a = KD_e \tag{3-4}$$

或

$$d_a = d_k + 2M \tag{3-5}$$

奇数齿齿顶圆直径校正系数 K 值见表 3-3。

表 3-3 奇数齿齿顶圆直径校正系数 K 值

齿数 z	K	齿数 z	K	齿数 z	K
7	1.0257	23	1.0023	39	1.0008
9	1.0154	25	1.0020	41~43	1.0007
11	1.0103	27	1.0017	45~51	1.0005
13	1.0073	29	1.0015	53~57	1.0004
15	1.0055	31	1.0013	59~67	1.0003
17	1.0043	33	1.0011	69~85	1.0002
19	1.0034	35	1.0010	87~99	1.0001
21	1.0028	37	1.0009		

3. 变位系数 x 的测定

变位系数 x 通过测量得到的公法线长度 W_n 计算确定。由于变位齿轮公法线长度计算式为

$$W_n = W_0 + 2xm\sin\alpha$$

故有

$$x = \frac{W_n - W_0}{2m\sin\alpha} \tag{3-6}$$

式中，W_0 为跨测齿数相同的标准齿轮公法线长度，其值可利用表 3-4 计算。表 3-4 列出了 $\alpha = 20°$，$m = 1\text{mm}$ 的标准齿轮公法线长度值 W'_0，当 $m \neq 1\text{mm}$ 时，跨 n 个齿的标准齿轮公法线长度 W_0 为表中值乘以模数 m。测量变位齿轮时，实际跨齿数与表中跨齿数 n 比较有时可能多一个或少一个，这时可通过将表中公法线长度加一个基节（或减一个基节）来获得。对 $\alpha = 20°$，$m = 1\text{mm}$ 的基节 p_{b0}：

$$p_{b0} = \pi m \cos\alpha = (\pi \times 1 \times \cos20°)\text{mm} = 2.9521\text{mm}$$

表 3-4　标准直齿圆柱齿轮公法线长度 W'_0

齿数	跨齿数	公法线长度 W'_0/mm	齿数	跨齿数	公法线长度 W'_0/mm	齿数	跨齿数	公法线长度 W'_0/mm
12	2	4.599	27	4	10.711	42	5	13.873
13	2	4.610	28	4	10.725	43	5	13.887
14	2	4.624	29	4	10.739	44	5	13.901
15	2	4.638	30	4	10.753	45	5	13.915
16	2	4.652	31	4	10.767	46	6	16.881
17	3	7.618	32	4	10.781	47	6	16.895
18	3	7.632	33	4	10.795	48	6	16.909
19	3	7.646	34	4	10.809	49	6	16.923
20	3	7.660	35	4	10.823	50	6	16.937
21	3	7.674	36	4	10.837	51	6	16.951
22	3	7.688	37	5	13.803	52	6	16.965
23	3	7.702	38	5	13.817	53	6	16.979
24	3	7.716	39	5	13.831	54	6	16.993
25	3	7.730	40	5	13.845	55	7	19.959
26	3	7.744	41	5	13.859	56	7	19.973

三、实验步骤

1）直接数出齿数 z。

2）测量公法线长度 W_n 和 W_{n+1} 值。测量时，注意游标卡尺与齿廓要保持相切。为测量准确，应在圆周方向测量 3 次，取其平均值为测量数据。

3）按式（3-1）计算，或按 $p_b = W_{n+1} - W_n$ 直接查表 3-1 确定模数 m 和压力角 α 的一组标准值。

4）测量齿顶圆和齿根圆直径，按式（3-2）计算出 $2h_a^* + c^*$ 值，查表 3-2 确定 h_a^* 和 c^* 的标准值。

5）确定变位系数。由表 3-4 查出 W'_0，再由 $W_0 = mW'_0$ 计算出 W_0，然后按式（3-6）计算出变位系数 x。

四、思考题

1）测量时游标卡尺侧面为什么必须与齿廓相切？如果处于相切，而切点位于渐开线不同位置对测量结果有无影响？为什么？

2）奇数齿齿轮的齿顶圆直径 d_a、齿根圆直径 d_f 是如何测出的？

3）如何确定所测齿轮是否变位？变位系数如何确定？

齿轮参数测定实验报告

实验日期：_____年____月____日

班级：_____姓名：_____指导教师：_____成绩：_____

一、测量原始数据

齿轮编号		1	2
齿轮参数	单位	平均值	平均值
齿数 z	个		
跨齿数 n	个		
公法线长度 W_n	mm		
跨齿数 $n+1$	个		
公法线长度 W_{n+1}	mm		
齿顶圆直径 d_a	mm		
齿根圆直径 d_f	mm		

二、计算结果

齿轮编号	1	2
计算参数	测量结果	
模数 m		
压力角 α		
齿顶高系数 h_a^*		
顶隙系数 c^*		
变位系数 x		

三、思考题

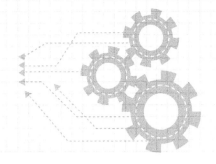

实验四

回转构件的静平衡实验

机械在运转时，构件所产生的不平衡惯性力将在运动副内引起附加的动压力，不仅会增大运动副中的摩擦和构件中的内应力，降低机械效率和使用寿命，而且由于这些惯性力的大小和方向一般都是周期性变化的，所以必将引起机械及其基础产生强迫振动。不仅会影响到机械本身的正常工作和使用寿命，而且还会使附近的工作机械及厂房建筑受到影响甚至破坏。

一、实验目的

1）能够解释刚性回转构件的静平衡理论知识。
2）能够运用静平衡的原理和方法进行刚性回转件静平衡实验。

二、设备与工具

1）静平衡实验台。
2）叶片轮式实验转子。
3）平衡质量（橡皮泥或磁铁等）。
4）天平、水平仪、钢直尺等。

三、实验原理和方法

1. 实验原理

在刚性转子中，对于轴向宽度较小的盘类构件，其质量可近似地认为是分布在与其轴线垂直的同一平面内。若这类转子的质心不在其回转轴线上，它们之间存在偏心距 e，则当转子回转时便将产生离心惯性力，且所产生的离心惯性力也在该平面内，而不会形成惯性力偶矩，此类回转构件为静不平衡构件。这类构件只需平衡其不平衡惯性力即可，称为刚性转子的静平衡。

经平衡设计的刚性转子理论上是完全平衡的，但由于制造误差、安装误差以及材质不均匀等原因，实际生产出来的转子在运转的过程中还可能出现不平衡现象。这种不平衡在设计阶段是无法用计算的方法得以解决和消除的，需要利用实验的方法对其做进一步的平衡。所谓平衡实验，是用实验的方法确定出转子不平衡量的大小和方位，然后利用增加或除去平衡质量的方法予以平衡。

用实验法确定静不平衡质径积的方法是，将一个具有偏心质量的回转构件轴颈置于平衡架滚柱上，由于转子的偏心质量对其回转中心产生一个重力矩作用，使转子在导轨上滚动，直至重心落在轴线的竖直下方时转子才停止滚动，即构件重心总是转到最低位置为最稳状态，因为此时重力矩为零。因此，只要在竖直线上方加上适量的平衡质量进行校正，使构件的重心移到回转中心上，即可使构件达到静平衡，从而获得不平衡质径积及其方位。

2. 实验方法

此实验使用滚柱式静平衡架（静平衡实验仪），如图 4-1 所示。

滚柱式静平衡架的主要部分是两根互相平行的支承导柱，导柱上面的母线应在同一水平面内。当静不平衡的转子被搁置在支承导柱上时，由于转子质量 m 对回转轴心有力矩作用，将使转子在支承导柱上发生滚动。直至重心 S 处于最低位置时，转子才保持静止的稳定状态。

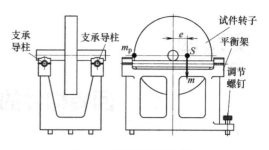

图 4-1　滚柱式静平衡架

为了减少支承导柱与试件转子轴间滚动摩擦的影响，首先将试件转子置于支承导柱最左侧位置，使转子顺指针转动，直至静止，在转子上方做一径向标记 OA（图 4-2a）；接着，将试件转子置于支承导柱最右侧位置，使转子顺指针转动，直至静止，在转子上方做一径向标记 OB（图 4-2b）。若 A、B 两点重合，则说明支承导柱与转子轴间滚动摩擦很小，可忽略不计，转子重心在 OA（OB）连接线上；若 A、B 两点不重合，则说明两侧支承导柱与转子轴间滚动摩擦不一致，则转子重心在 OA 和 OB 连接线的角平分线 OC 上（图 4-2c）。

如果在重心相反半径方向选某半径 r_p 处加一质量 m_p，而后将试件转子转过 90° 后，再让其自由滚动，观察试件转子滚动的趋向。若此时所加 m_p 向上转动，说明所加质量不够，反之所加质量过大。调整平衡质量 m_p 的大小，反复上述步骤，直至试件转子在任何位置都能保持静止稳定状态而不滚动

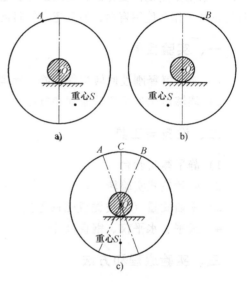

图 4-2　静平衡实验方法

为止。此时所加质量 m_p 与其所在半径 r_p 的积与静不平衡的质径积 me 相等，方向相反。

四、实验步骤

1）使用水平仪将滚柱式静平衡架调整水平。

2）将试件转子放在滚柱式静平衡架上，试件转子轴线与支承导柱尽量垂直。

3）试件转子在偏心重力作用下能自由地转动，直到完全静止。

4）在通过试件转子轴心竖直上方的任选半径 r_p 处（一般可选在轮缘边缘处），试加橡皮泥作为平衡质量。把平衡质量转到水平位置，再观察试件转子的转向。根据转向适当增减橡皮泥，直到试件转子能在任何位置稳定静止为止。

5）用天平称出橡皮泥质量 m_p，并测量出安放橡皮泥的半径 r_p 及其与基准线的夹角 α，填入实验报告。基准线已划在试件转子的端面上。

五、思考题

1）静平衡实验适用于哪些类型的转子？

2）分析影响静平衡精度的因素有哪些。

回转构件静平衡实验报告

实验日期：_____年____月____日

班级：_____　姓名：_____　指导教师：_____　成绩：_____

试件编号	项目	m_p	r_p	m	α	$m_p r_p$	e
	数值						
	单位						

一、实验过程中哪些是关键步骤？

二、思考题

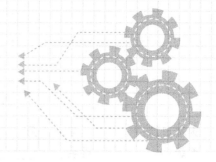

回转构件的动平衡实验

机械在运转时，对于宽径比大的回转构件，所产生的不平衡惯性力及不平衡惯性力矩，将会影响到机械本身的正常工作和使用寿命，尤其在高速机械及精密机械中，平衡具有特别重要的意义。

一、实验目的

1）能够解释刚性回转构件的动平衡理论知识。
2）能够运用动平衡的原理和方法进行刚性回转件动平衡实验。

二、实验设备

1）JHP-A 型动平衡实验台。
2）JHP-B 型动平衡实验台。
3）JP-820 型动平衡实验台。
4）转子试件。
5）平衡块。
6）百分表（0~10mm）。

三、JHP-A 型动平衡实验台测试方式

1. 动平衡实验台的结构

动平衡实验台的简图如图 5-1 所示。待平衡的转子试件 3 安放在框形摆架 1 的支承滚轮上，摆架 1 的左端固结在工字形板簧座 2 中，右端呈悬臂结构。电动机 9 通过传动带 10 带动转子试件 3 旋转；当转子试件 3 有不平衡质量存在时，则产生离心惯性力使摆架 1 绕工字形板簧座 2 上下周期性地振动，通过百分表 5 可观察振幅的大小。

通过转子试件 3 的旋转和摆架 1 的振动，可测出转子试件 3 的不平衡量（或平衡量）的大小和方位。这

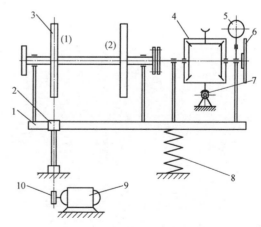

图 5-1　动平衡实验台的简图
1—摆架　2—工字形板簧座　3—转子试件　4—差速器
5—百分表　6—补偿盘　7—蜗杆　8—弹簧　9—电动机　10—传动带

个测量系统由差速器 4 和补偿盘 6 组成。差速器 4 安装在摆架 1 的右端，它的左端为转动输

入端（n_1），通过柔性联轴器与转子试件 3 连接；右端为输出端（n_3）与补偿盘 6 相连接。

差速器 4 是由齿数和模数相同的三个锥齿轮和一个外壳为蜗轮的转臂 H 组成的周转轮系。

1）当差速器 4 的转臂蜗轮不转动时，$n_H = 0$，则差速器 4 为定轴轮系，其传动比为

$$i_{31} = \frac{n_3}{n_1} = -\frac{z_1}{z_3} = -1, n_3 = -n_1 \tag{5-1}$$

这时补偿盘 6 的转速 n_5 与转子试件 3 的转速 n_1 大小相等方向相反。

2）当 n_1 和 n_H 都转动时则为差动轮系，传动比为

$$i_{31} = \frac{n_3 - n_H}{n_1 - n_H} = -\frac{z_1}{z_3} = -1, n_3 = 2n_H - n_1 \tag{5-2}$$

蜗轮的转速 n_H 是通过手柄摇动蜗杆，经蜗杆副在大速比的减速后得到的。因此，蜗轮的转速 $n_H \ll n_1$。当 n_H 与 n_1 同向时，由式（5-2）可看出 $n_3 < -n_1$，这时 n_3 方向不变且与 n_1 反向，但速度减小；当 n_H 与 n_1 反向时，由式（5-2）可看出 $n_3 > -n_1$，这时 n_3 方向仍与 n_1 反向，但速度增加了。由此可知，当手柄不动，补偿盘的转速大小与试件相等，方向相反，正向摇动手柄（蜗轮转速方向与试件转速方向相同）补偿盘减速，反向摇动手柄补偿盘加速。这样可改变补偿盘与试件圆盘之间的相对相位角（角位移）。

2. 转子动平衡的力学条件

因转子材料的不均匀、制造的误差、结构的不对称等诸多因素造成转子存在不平衡质量。因此，当转子旋转后就会产生由离心惯性力组成的一个空间力系，使转子动不平衡。要使转子达到动平衡，则必须满足空间力系的平衡条件，即

$$\begin{cases} \sum \overline{F} = 0 \\ \sum \overline{M} = 0 \end{cases} \text{或} \begin{cases} \sum \overline{M}_A = 0 \\ \sum \overline{M}_B = 0 \end{cases} \tag{5-3}$$

这就是转子动平衡的力学条件。

3. 动平衡实验台的工作原理

当转子试件上有不平衡质量存在时（见图 5-2），转子试件转动后会产生离心惯性力 $F = \omega^2 mr$，它可分解成竖直分力 F_y 和水平分力 F_x，由于动平衡实验台的工字形板簧座和摆架在水平方向（绕 y 轴）抗弯刚度很大，所以水平分力 F_x 对摆架的振动影响很小，可忽略不计。而在竖直方向（绕 x 轴）的抗弯刚度小，因此在竖直分力产生的力矩 $M = F_y L = L\omega^2 mr\cos\varphi$ 的作用下，使摆架产生周期性的上下振动（摆架振幅大小）的惯性力矩为

$$M_1 = 0, M_2 = \omega^2 m_2 r_2 l_2 \cos\varphi_2$$

要使摆架不振动必须要平衡力矩 M_2。在转子试件上选择圆盘作为平衡平面，加平衡质量 m_p。则绕 x 轴的惯性力矩为

$$M_p = \omega^2 m_p r_p l_p \cos\varphi_p$$

$$\sum \overline{M}_A = 0, M_2 + M_p = 0$$

$$\omega^2 m_2 r_2 l_2 \cos\varphi_2 + \omega^2 m_p r_p l_p \cos\varphi_p = 0 \tag{5-4}$$

式（5-4）消去 ω^2 得

$$m_2 r_2 l_2 \cos\varphi_2 + m_p r_p l_p \cos\varphi_p = 0 \tag{5-5}$$

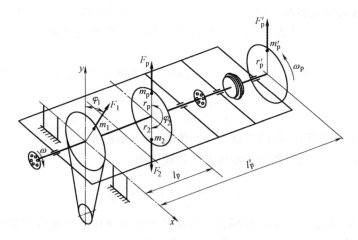

图 5-2　动平衡实验台的原理

要使式（5-5）为零必须满足

$$\begin{cases} m_2 r_2 l_2 = m_{\mathrm{p}} r_{\mathrm{p}} l_{\mathrm{p}} \\ \cos\varphi_2 = -\cos\varphi_1 = \cos(180°+\varphi_{\mathrm{p}}) \end{cases} \tag{5-6}$$

满足式（5-6）的条件，摆架就不振动了。式（5-6）中 m（质量）和 r（矢径）之积称为质径积；mrl 称为质径矩；φ 称为相位角。

转子不平衡质量的分布有很大的随机性，而无法直观判断它的大小和相位，很难用公式来计算平衡量，但可用实验的方法来解决。

选补偿盘作为平衡平面，补偿盘的转速与试件的转速大小相等但方向相反，这时的平衡条件也可按上述方法来求得。在补偿盘上加一个质量 m'_{p}（见图 5-2），则产生的离心惯性力对 x 轴的力矩为

$$M'_{\mathrm{p}} = \omega^2 m'_{\mathrm{p}} r'_{\mathrm{p}} l'_{\mathrm{p}} \cos\varphi'_{\mathrm{p}}$$

根据力系平衡公式

$$\sum \overline{M}_{\mathrm{A}} = 0, \quad M_2 + M'_{\mathrm{p}} = 0$$
$$m_2 r_2 l_2 \cos\varphi_2 + m'_{\mathrm{p}} r'_{\mathrm{p}} l'_{\mathrm{p}} \cos\varphi'_{\mathrm{p}} = 0 \tag{5-7}$$

要使式（5-7）成立必须有

$$\begin{cases} m_2 r_2 l_2 = m'_{\mathrm{p}} r'_{\mathrm{p}} l'_{\mathrm{p}} \\ \cos\varphi_2 = -\cos\varphi'_{\mathrm{p}} = \cos(180°+\varphi'_{\mathrm{p}}) \end{cases} \tag{5-8}$$

式（5-8）与式（5-6）基本是一样的，只有一个正负号的不同。如图 5-3 所示可进一步比较两种平衡面进行平衡的特点。图 5-3a 所示为平衡平面在试件上的平衡情况，在试件旋转时平衡质量与不平衡质量始终在一个轴平面内，但矢径方向相反。

图 5-3b 所示为补偿盘作平衡平面，m_2 和 m'_{p} 在各自的旋转中只有到 $\varphi'_{\mathrm{p}} = 0°$ 或 180°，$\varphi_2 = 180°$ 或 0°时，才达到完全平衡。其他位置时它们的相对位置关系如图 5-3c 所示，当 $\varphi_2 = 180°-\varphi'_{\mathrm{p}}$，$y$ 轴的分力矩是满足平衡条件的，而 x 轴的分力矩未满足平衡条件。

用补偿盘作为平衡平面来实现摆架的平衡时，在补偿盘的任何位置（最好选择在靠近缘处）试加一个适当的质量，在转子试件旋转的状态下摇动蜗杆手柄使蜗轮转动（正转或

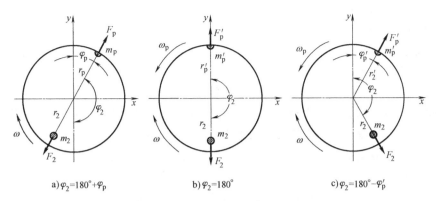

图 5-3　平衡质量与不平衡质量的相位关系

反转），这时补偿盘减速或加速转动，摇动手柄同时观察百分表的振幅使其达到最小，这时停止转动手柄。停止后在原位置再加一些平衡质量，再转动手柄，若振幅已很小，则可认为摆架已达到平衡。最后将调整好的平衡质量转到最高位置，这时的竖直轴平面就是 m'_p 和 m_2 同时存在的轴平面。

摆架平衡不等于转子试件平衡，还必须把补偿盘上的平衡质量转换到转子试件的平衡面上，选转子试件圆盘为待平衡面，根据平衡条件得

$$m_p r_p l_p = m'_p r'_p l'_p$$

$$m_p r_p = m'_p r'_p \frac{l'_p}{l_p}$$

或

$$m_p = m'_p \frac{r'_p l'_p}{r_p l_p} \tag{5-9}$$

若取 $\dfrac{r'_p l'_p}{r_p l_p} = 1$，则 $m_p = m'_p$。式（5-9）中 $m'_p r'_p$ 是补偿盘上所加的平衡质径积，m'_p 为平衡块质量，r'_p 是平衡块所处位置的半径（有刻度指示），l_p 和 l'_p 是平衡面至板簧的距离。这些参数都是已知的，这样就求得了在待平衡面上应加的平衡质径积 $m_p r_p$。一般情况先选择半径 r 求出 m 加到平衡面上，其位置在 m'_p 最高位置的竖直轴平面中，本动平衡实验台及试件在设计时已取 $\dfrac{r'_p l'_p}{r_p l_p} = 1$，所以 $m_p = m'_p$，这样可取下补偿盘上平衡块 m'_p 直接加到待平衡面相应的位置，如此就完成了第一步平衡工作。根据力系平衡条件式（5-3），到此才完成一项 $\sum \overline{M}_A = 0$，还必须做 $\sum \overline{M}_B = 0$ 的平衡工作，这样才能使转子试件达到完全平衡。

将转子试件从动平衡实验台上取下重新安装成以圆盘为驱动轮，再按上述方法求出平衡面上的平衡量（质径积 $m_p r_p$ 或 m_p）。这样整个平衡工作就全部完成了。

4. 实验方法和步骤

1）将试件装到摆架的滚轮上，把试件右端的联轴器盘与差速器轴端的联轴器盘，用弹性柱销连成一体，装上传动带。

2）用手转动转子试件和摇动蜗杆上的手柄，检查动平衡实验台各部分的转动是否正常。松开摆架最右端的两对锁紧螺母，调节摆架支承杆上安放的百分表，使之与摆架有一定

的接触，并随时注意振幅大小。

3）开机前卸下转子试件上多余的平衡块和补偿盘上所有的平衡块。接上电源，起动电动机，待摆架振动稳定后，调整好百分表的位置并记录下振幅大小 y_0，记录时保证百分表的位置固定不变，关闭电动机。

4）在补偿盘的槽内距轴心最远处加上一个适当的平衡质量（两块平衡块）。开机后摇动手柄观察百分表振幅变化，手柄摇到振幅最小时停止摇动（摇动手柄时要讲究方法：蜗杆安装在机架上，蜗轮安装在摆架上，两者之间有很大的间隙。蜗杆转动到适当位置可与蜗轮不接触，这样才能使摆架自由地振动，此时观察振幅。摇动手柄蜗杆接触蜗轮使蜗轮转动，这时摆动振动受阻，反摇手柄使蜗杆脱离与蜗轮接触，再观察振幅。这样间歇性地使蜗轮转动并观察振幅变化，最终找到振幅最小值的位置），记录下振幅大小 y_1 和蜗轮位置角 β_1（差速器外壳上有刻度指示），关闭电动机。在不改变蜗轮位置的情况下，关闭电动机后，按转子试件转动方向用手转动转子试件使补偿盘上的平衡块转到最高位置。取下平衡块安装到转子试件的平衡面（圆盘）中相应的最高位置槽内。

5）在补偿盘内再加一点平衡量（1~2 个平衡块）。按上述方法再进行一次测试。测得振幅 y_2、蜗轮位置 β_2。若 $y_2 < y_1 < y_0$，β_1 与 β_2 相同或略有改变，则表示实验正确；若 y_2 已很小可视为已达到平衡。关闭电动机，按步骤4）的方法将补偿盘上的平衡块移到转子试件圆盘上。脱开联轴器开机，让转子试件自由转动。若振幅依然很小，则第一步平衡工作结束；若还存在一些振幅，可适当地调节一下平衡块的相位，即在圆周方向左右移动一个平衡块进行微调相位和大小。

6）将转子试件两端进行 180° 对调，再按上述方法找出另一圆盘上应加的平衡量。这样就完成了转子试件的全部平衡工作了。

5. 注意事项

1）动平衡的关键是找准相位，第一次就要把相位找准，当转子试件接近平衡时相位就不灵敏了，所以 β_1、β_2 是主要位置角。

2）若转子试件振动不明显可人为地加一些不平衡质量块。

四、JHP-B 型动平衡实验台测试方式

1. 实验台结构及其工作原理

智能化动平衡实验台结构如图5-4所示。

动平衡实验台的动力来自一台直流调速电动机，通过圆带驱动待平衡转子旋转。不平衡转子由于转动而产生惯性力，且作用到弹性元件支承的框架上，从而使框架绕着支点摆动，形成一个不平衡激振型的振动系统。当转子被驱动的转速接近于框架的固有频率 ω_0 时，进入共振区，振幅加大，当 $\omega = \omega_0$ 时有最大振幅值，即共振。

动平衡实验台从结构上保证了转子的两个选定平衡平面中的一个通过支承点，所以该平衡面上的等效惯性力对振动系统不起作用。因此，振动系统只受另一个待平衡面上的等效惯性力的作用。

根据不平衡原理有

$$\theta = \frac{mrh}{j} \frac{Z^2}{\sqrt{(1-Z^2)^2 + 4D^2 Z^2}} \cos(\omega t - \varphi) \tag{5-10}$$

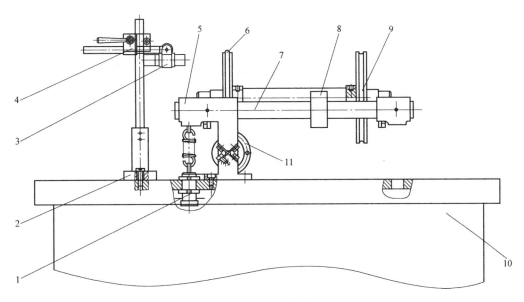

图 5-4　智能化动平衡实验台结构

1—弹簧调整紧固件　2—支架座　3—光电传感器　4—支架部件　5—横梁　6—圆带

7—钢管　8—调整圈　9—转子　10—机座　11—光栅传感器

$$\varphi = \arctan \frac{2DZ}{1-Z^2} \tag{5-11}$$

式中　Z——调谐值，$Z = \dfrac{\omega}{\omega_0}$；

　　　θ——框架的瞬时角振幅；

　　　j——振动系统绕支点摆动的转动惯量；

　　　m——待平衡面上选定半径上的等效不平衡质量；

　　　r——待平衡面上的选定半径；

　　　D——阻尼率；

　　　φ——相位角。

共振时 $Z=1$，振动系统的最大幅值和相位角为

$$\begin{cases} \theta = \dfrac{mrh}{j} \cdot \dfrac{1}{2D} \\ \phi = 90° \end{cases} \tag{5-12}$$

由于 j 和 h 均是与结构有关的参数，对于一个具体的振动系统和待平衡的转子来说均为常量。从式（5-12）可看出，共振时其振幅与 mr 成正比，$\phi = 90°$ 表示此时等效不平衡质量的相位超前振幅相位 90°。为此可用测量框架振幅的方法间接地反映出转子的不平衡量。

通过底座面板上的调速旋钮可使转子速度无级调速，并通过面板上的 LED（发光二极管）显示转子的转速值，待平衡转子的转速由光电传感器测出，因转子不平衡质量引起的框架瞬时角位移由光电编码器测出，两组信号通过单片机送入上位机解算后，即可得出转子不平衡质量的大小和相位。

智能化动平衡实验台原理框图如图 5-5 所示。

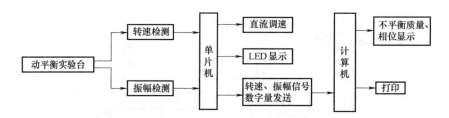

图 5-5 智能化动平衡实验台原理框图

2. 动平衡实验台主要参数

1）转子质量 $m = 2.5$kg。

2）电动机转速 $n = 0 \sim 1500$r/min，转子带轮直径 $\phi150$mm，电动机带轮直径 $\phi60$mm。

3）固有频率 $\omega_0 = 3 \sim 5$Hz（$150 \sim 300$r/min）。

4）灵敏度 5g·mm。

5）相位角误差 $\leqslant 10°$。

6）磁性配重块质量有 5 种规格，分别为：

15mm×4.5mm×4mm，2g/块，共 6 块；

18mm×10mm×5mm，6.8g/块，共 2 块；

20mm×7mm，10.5g/块，共 2 块；

$\phi10$mm×2mm，1.2g/块，共 1 块；

$\phi5$mm×2mm，0.3g/块，共 2 块。

7）外形尺寸 740mm×440mm×1000mm。

3. 实验方法与步骤

1）在实验转子两个待平衡盘外侧面上粘贴窄条黑胶布作为测试的 O 位标记，把转子安装到实验台上，并装好圆带，把控制面板上的电源开关放到"关"的位置，调速旋钮逆时针旋至最低点。

2）起动计算机，安装实验软件后进入动平衡实验主界面。

3）接通电源，打开电源开关。并将光电传感器移近转子带轮，调整转子，每转一周光电传感器反应一次。

4）缓慢顺时针旋转电动机调速旋钮，使转子转速逐渐升高，框架随即逐渐摆动起来，待框架摆动幅度最大并稳定后，面板 LED 显示实验转子的平均转速。

5）在运行主界面上单击"开始采集"，待数据采集完成后，界面上显示振幅曲线和时间曲线。再单击"数据分析"，界面上同时显示转子的瞬时转速、不平衡质量的大小和相位角（此为转子本身的不平衡质量和相位角，在折算系数未修正时，只能作为一个大概的参考）。

在指示的相位角（上下左右）配一个小的磁块（或加一小块），观察它的不平衡量是否减少。角度位置不同，不平衡量不同；所配质量不同，不平衡量不同。根据软件指示，反复改变位置，选配质量，直至平衡（软件指示 0.5g 左右）。

在转子待平衡面上加不平衡质量 10g，依次单击"开始采集""数据分析"，重复三次，得到转子不平衡质量的大小和相位角的稳定值。单击"系统 S"修正系数，再单击"数据分析"直到显示的不平衡质量与所加的 10g 相等为止。

6）关闭电动机，在转子不平衡质量位置的对面180°处加等量配重，10g。

7）再开机，单击"开始采集""数据分析"，当不平衡质量显示已经很小（如 0.5g 以下），或出现"通信错误"时，即振幅很小，已采集不到（如有一点点不平衡可稍微移动一下磁铁）。

8）单击"打印"，可打印出实验结果以及实验曲线。

9）单击"频谱分析"进入振幅曲线频谱分析窗口，通过此窗口可进一步了解振幅曲线通过 FFT（傅里叶变换）处理后的振动信号幅值图谱以及实用相位分布图。

10）关闭电动机，将实验转子调头，对第二个待平衡面进行平衡。

4. 注意事项

1）实验时转子转速应缓慢升速。

2）实验完毕后应将调速旋钮旋至最低，关闭电源开关，切断电源。

5. 实验软件界面介绍

（1）系统主界面（见图5-6）　本软件的目的是检测和演示如何对刚性转子进行动平衡。

1）"数据显示操作区"：显示左右不平衡量、转子瞬时转速、不平衡方位角。

2）"不平衡质量位置指示"：指针指示的方位为偏心质量的位置角度。

3）"振幅曲线"和"时间曲线"：该区域用来显示当前采集的数据或者调入数据的原始曲线，在该曲线上用户可以看出机械振动的基本情况和一些周期性的振动情况。

4）"数据分析"按钮：通过该按钮可以进入详细曲线显示窗口，在该窗口可以看到整个分析过程。

5）"频谱分析"按钮：可详细了解振幅曲线通过 FFT 处理后的情况。

6）"删除数据"按钮：清除数据及曲线，重新进行测试。

7）"退出系统"按钮：退出实验系统，结束实验。

（2）"频谱分析"界面　按"频谱分析"按钮，进入"频谱分析"界面（图5-7），在该界面可详细了解数据分析过程。

1）频谱分析图：显示 FFT 振动信号的幅值谱，横坐标为频率，纵坐标为幅值。

2）实际相位分布图：自动检测时，动态显示每次测试的不平衡质量相位角的变化情况。横坐标为测量点数，纵坐标为偏心角度。

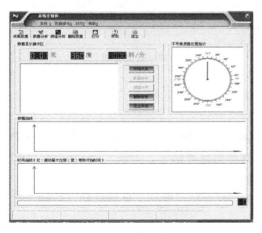

图5-6　系统主界面

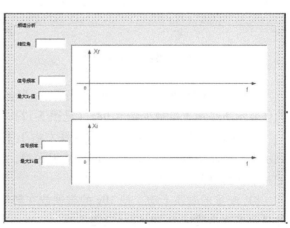

图5-7　"频谱分析"界面

6. 智能动平衡测试实验台软件操作步骤

1）打开软件，软件显示动平衡实验台。

2）起动电动机，转速调整为 150～200r/min，单击"采集数据"按钮，如图 5-8 所示。

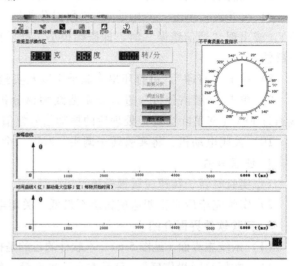

3）采集数据后，单击"数据分析"按钮，软件显示转子不平衡质量的角度和转子不平衡质量，软件参数未调定只能作为参考，所加质量不同、角度不同、位置（上下左右）不同，不平衡量不同。

4）如图 5-9 所示，在转子 359°的反方向加一块 2g 的磁铁，单击"采集数据"按钮，显示不平衡质量减少到 11.1g（见图 5-10），向左或右移动磁铁，采集数据后，单击"数据分析"按钮，选取所需配重小的移动方向。

图 5-8　采集数据

5）如图 5-10 所示，在配重的磁铁上再加一块 2g 的磁铁，单击"采集数据"按钮，软件显示不平衡质量减少到 3.6g（见图 5-11）。

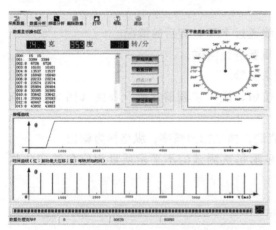

图 5-9　数据分析一

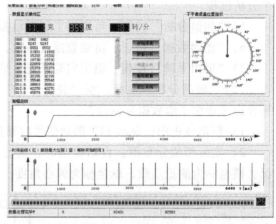

图 5-10　数据分析二

6）如图 5-11 所示，在配重的磁铁上，再加一块 2g 的磁铁，单击"采集数据"按钮，软件显示不平衡质量减少到 0.08g（见图 5-12）。

7）如图 5-12 所示，把配重的磁铁左右上下移动一点，单击"采集数据"按钮，软件显示不平衡质量减少到 0.01g。转子趋于平稳，检测不到脉冲信号，出现"通信错误"，转子基本平衡（见图 5-13）。

8）配重的磁铁不动，把 10g 的磁铁放在转子 360°的位置，单击"采集数据"按钮，软件显示不平衡质量为 29.4g（见图 5-14）。

9）打开"数据分析"中的"修正系数"，如图 5-15 所示。

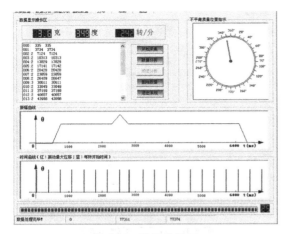

图 5-11　数据分析三

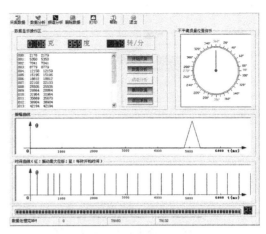

图 5-12　数据分析四

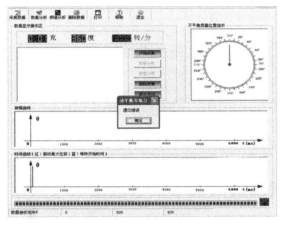

图 5-13　转子平衡显示

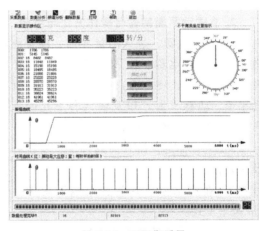

图 5-14　不平衡质量

10）修正系数默认为"2"，软件显示质量为 29.4g，实际磁铁质量为 10g，则实际修正系数为 $2 \div (29.4 \div 10) = 0.68$。

11）修正系数改为"0.68"，单击"确定"按钮，软件显示不平衡质量角度和实际一致，分别为 10g 和 360°。

12）按软件提示在转子 359°的反方向加一块 10g 磁铁，单击"采集数据"按钮，软件显示不平衡质量减少到 0.163g，转子趋于平衡（见图 5-16）。

五、立式动平衡测试实验台测试方式

1. 立式动平衡实验台组成及工作原理

立式动平衡实验台是一种用于检测旋转体平衡的设备，其产品结构主要包括床身、电气开关、电测系统、夹具等部分，如图 5-17 所示。工作时，电动机带动被测工件转动，达到一定速度后，被测工件由于自身的不平衡质量会产生离心惯性力，实验台上的传感器会检测该离心力的大小和方向，并通过电信号的形式传输到平衡机控制单元，控制单元根据传感器传输的信号计算出旋转体的不平衡质量和角度，以此来指导操作人员对被测工件进行校正，

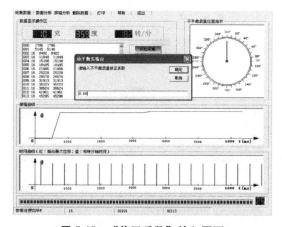

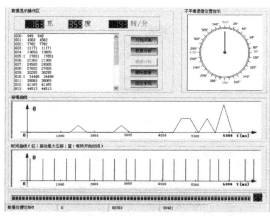

图 5-15　"修正系数"输入页面　　　图 5-16　转子平衡软件界面

从而消除工件的不平衡。

2. 立式动平衡实验台操作方法与步骤

1）接通电源，进入测量界面，设置测量参数，设置转子名称、输入测量转速、选择解算模式（软支承、硬支承）、选择测量模式（双面动平衡、动静平衡）以及输入转子允许不平衡质量的单位和工件两侧中心轴半径。

3）进行标定，设置夹具补偿、定位补偿以及转差补偿。

4）确定工作模式为普通测量定位，选择加/减重模式。

5）将转子试件放置于平衡实验台上，单击"开始"按钮，转子转速逐渐升高，直至设定值，面板 LED 实时显示实验转子的转速，待转子转速平稳后系统自动进行测量。

6）测量结束后，界面上显示转子的不平衡质量的大小和相位角。

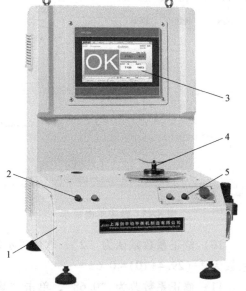

图 5-17　JP-820 型动平衡实验台

1—床身　2、5—电气开关　3—电测系统　4—夹具

7）关闭电动机，根据屏幕指示的相位角，在转子不平衡质量位置的对面180°处配置相应质量的小磁块（或加一相应质量的小块）。

8）再开机，单击"测量"按钮，得到不平衡质量的大小和相位角显示的不平衡质量已经很小了（如 0.5g 以下），或出现"通信错误"，即振幅很小，已采集不到了（如有一点点不平衡可稍微移动一下磁铁）。

9）单击"打印"按钮，可打印出实验结果。

10）关闭电动机，取下转子试件。

3. 实验软件界面介绍

本软件的目的是检测和演示如何对刚性转子进行动平衡，系统主界面如图 5-18 所示。

1）顶部标题栏操作区：该区域可以设置软件显示语言，进标定操作、夹具补偿操作、

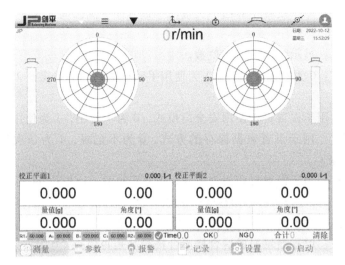

图 5-18 平衡测量系统主界面

键补偿操作、加/减重操作，实现电补偿功能以及用户登录。

2）图形数据显示操作区：显示左右不平衡质量、加/减重模式，图形不平衡量以及测量平台的当前速度。

3）文本数据显示区：该区域是用来显示当前采集的数据，校验转子试件的不平衡质量以及部件基本参数。半径 $R1$、$R2$ 分别为校正平面 1 和校正平面 2 到校正点的半径；尺寸 A 指的是从左面摆架的支承点中心到工件左面加/减重点中心的长度；尺寸 B 指的是从工件左面加/减重点的中心到工件右面加/减重点中心的长度；尺寸 C 指的是从右面摆架的支承点中心到工件右面加/减重点中心的长度。

4）"测量"按钮：系统进行不平衡测量及计算。

5）"参数"按钮：可设置工件名称、运转速度以及许用不平衡质量值。

6）"报警"按钮：当实验台出现故障时，会显示日期、时间和报警描述，根据报警描述方便维修人员处理故障。

7）"记录"按钮：主要是对工件测试数据的自动备份，其中包括时间、名称、编号、转速、不平衡质量值、角度等。

8）"记录"按钮：可设置测量次数、刷新频率、转差范围、显示位数等系统设置。

4. JP-820 型动平衡实验台实验步骤

1）设备通电，确认主电源连接紧固，气源管无泄漏，地线与地脚稳固。将主电源顺时针旋转到"ON"位置，检查气源压力是否满足工作要求（0.3~0.6Pa）。

2）启动软件，进入参数选择（见图 5-19），设置系统参数：

①"测量次数"：该数字表示转子每转几次测量一次，数字越大测量数据越稳定，但测量时间越长，设置范围为 1~50 次。

②"刷新频率"：该数字表示对测量得来的数据进行解算的频率，与采集频率类似，数字越大测量数据越稳定，但测量时间较长，设置范围为 2~64 次/秒。

③"转差范围"：用于设置测量时的转速和标定时的转速允许相差的范围，只有在此范围内才进行测量，否则不测量。为提高精度，测量时的转速应该与标定时的转速尽量一致。

④"矢量图比"：用于设置主界面中矢量图中最外面一圈圆周与允许不平衡质量的倍数，设置此值大于等于1。

⑤"显示位数"：显示精度的最小位数。

⑥"光针模式"：0为不使用光针，1为使用手动检测每转脉冲数，2为使用自动检测每转脉冲数。

⑦"安全门"：用于设置是否使用安全门模式，0为不使用，1为使用。

⑧"数据保存"：用于设置数据保存的方式，0为不记录，1为每次记录，2为合格记录，3为不合格记录。

⑨"平衡报告"：用于设置打印报告方式，0为不使用，1为手动打印，2为自动打印。

⑩"标签报告"：用于设置打印标签报告方式，0为不使用，1为手动打印，2为自动打印。

⑪"工件驱动"：设置工件运转方式，0为普通电动机，1为自驱动方式。

⑫"结论模式"：设置测量完成后合格不合格提示是否保持，0为始终保持，1为提示后关闭。

图 5-19 "系统参数设置"界面

3）设置测试工件参数。"工件参数设置"界面如图5-20所示，工件参数设置见表5-1。

表 5-1 工件参数设置

序号	工件参数设置
1	转子名称：主要是对所测工件类型进行命名，命名方式支持阿拉伯数字、英文和中文
2	测量转速：输入转子动平衡测量时的转速单位为r/min
3	解算模式：选择解算模式，输入"0"为硬支承，输入"1"为软支承
4	测量模式：输入"0"为双面动平衡（客户所加工工件在左右两侧进行加工），输入"1"为静平衡（客户所加工工件在一侧进行加工），输入"2"为动静平衡（客户所加工工件需要在三面进行加工，两侧和中间加工）
5	尺寸单位：主要是对工件尺寸A、B、C、R1、R2的单位进行设定，输入"0"为mm，输入"1"为cm，输入"2"为m，输入"3"为in，输入"4"为ft
6	允许量单位：输入转子允许不平衡量的单位，输入"0"为g，输入"1"为mg，输入"2"为g·mm，输入"3"为g·cm，输入"4"为oz，输入"5"为oz·in；2和3需要输入工件半径

（续）

序号	工件参数设置
7	平面 1 允许量:设定工件合格所允许的不平衡范围,输入校正平面 1 允许不平衡量,单位与允许量关联
8	平面 2 允许量:设定工件合格所允许的不平衡范围,输入校正平面 2 允许不平衡量,单位与允许量关联
9	静允许量:平面 1 允许量与平面 2 允许量之和,单位与允许量关联
10	参数输入提示信息
11	ISO 计算:根据转子试件类型,设定平衡等级(G)、工作转速(r/min)和工件质量(kg),系统自动进行计算设定工件平面 1 允许量、平面 2 允许量和静允许量,最后保存数据
12	R1:输入校正平面 1 校正圆半径,单位与尺寸单位关联 R2:输入校正平面 2 校正圆半径,单位与尺寸单位关联 A:输入左支承点中心到左校正点距离,单位与尺寸单位关联 B:输入左校正点到右校正点距离,单位与尺寸单位关联 C:输入右校正点到右支承点距离,单位与尺寸单位关联
13	保存:新建、修改工件参数后的数据保存
14	删除:删除现有的转子类型
15	新建:添加新转子试件时,新建一个测试数据
16	选择转子类型
17	选择转子支持方式

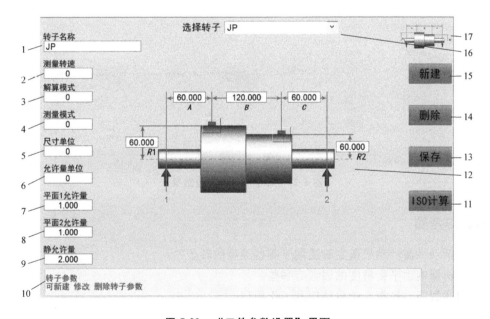

图 5-20　"工件参数设置"界面

　　4）进行标定。首先,转子试件不加平衡质量,单击"启动"按钮开始测量,测量数据稳定后单击"停止"按钮停止运转;其次,左边加平衡质量,根据软件提示,在左校正面的指定角度上加平衡质量,启动机器运转,待数据基本稳定后单击"确认"按钮进入下一步;接着,右边加平衡质量,根据软件提示,停止机器运转,在右校正面的指定角度上加平衡质量,再启动机器运转,待数据基本稳定后单击"确认"按钮进入下一步;最后,标定完成,根据软件提示,测量数据稳定后单击"停止"按钮,工件停止运转。确认以上输入参数单击"确定"按钮，标定数据解算保存，单击"取消"按钮，放弃标定。

5）确定工作模式为普通测量定位，选择加/减重模式，然后将转子试件放置在平衡实验台上，单击"开始"，进行测量。

6）测量结束后，界面上显示转子不平衡质量的大小和相位角。关闭平衡实验台，根据屏幕指示的相位角，在转子不平衡质量位置的对面180°处配置相应质量的小磁块。

7）开机，进行复测，重复上诉步骤，直至工件不平衡质量满足使用需求。

8）记录实验数据，打印报告，记录内容包括：工件转速、平面1不平衡质量值及角度、平面2不平衡质量值及角度、静平衡量及角度、平面1允许不平衡质量、平面2允许不平衡质量、静允许不平衡质量等测试数据，该记录也可导出 xml 格式的文件。转子不平衡实验结果如图 5-21 所示。

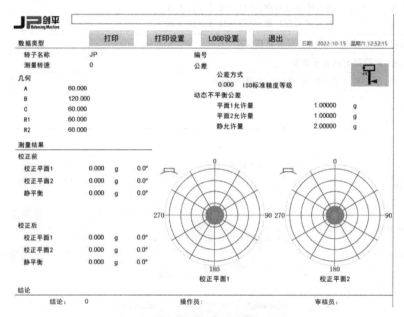

图 5-21　转子不平衡实验结果

六、思考题

1）何谓动平衡？动平衡实验适用于哪些类型的转子？

2）分析影响动平衡精度的因素有哪些。

3）简述智能动平衡实验台结构及工作原理。

回转构件的动平衡实验报告

实验日期：_____年____月____日

班级：_____姓名：_____指导教师：_____成绩：_____

一、百分表振动记录图

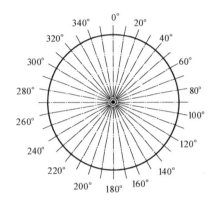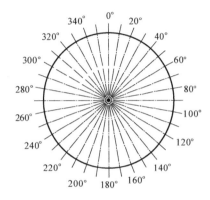

第一平衡面值：_____　　　　　　　　第二平衡面值：_____

二、实验过程中哪些是关键步骤？

三、思考题

智能化动平衡实验报告

实验日期：_____年____月____日

班级：_____　姓名：_____　指导教师：_____　成绩：_____

实验台类型编号：_____　　　　转子平均转速：_____

转子质量：_____　　　　加平衡块处半径：_____

一、实验数据

平衡面	次序	实验内容	不平衡质量/g	相位角
平衡面一	1	不加平衡块		
	2	第一次加平衡块（初步平衡）		
	3	第二次加平衡块		
	4	第三次加平衡块		
平衡面二	5	不加平衡块		
	6	第一次加平衡块（初步平衡）		
	7	第二次加平衡块		
	8	第三次加平衡块		

注：次序中 4 和 8 可能不需要做。

二、实验曲线

平衡面一	振幅曲线	
	时间曲线	
平衡面二	振幅曲线	
	时间曲线	

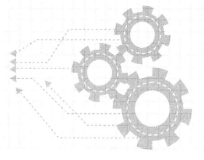

实验六

运动参数测定实验

对机构的运动参数进行测定与分析，不仅对设计新机械以及了解已有机械的运动性能是必要的，而且还是研究机械动力性能的必要前提。

曲柄导杆滑块机构多媒体测试、仿真、设计综合实验台，可以培养动手能力和创新意识以及对现代虚拟设计和现代测试手段的灵活运用能力。该实验系统主要用于"机械原理"课程的综合性实验，内容涵盖平面机构运动分析、机械的运转及速度波动的调节、机械的平衡等内容，是"机械原理"课程教学中的重要教学环节。

一、实验目的

1）能够使用计算机对平面机构运动参数进行实时采集、处理，绘制机构的实测动态参数曲线。同时，能够使用计算机对该平面机构虚拟模型进行运动仿真，绘制相应的动态参数曲线，从而实现理论与实际的紧密结合。

2）能够使用计算机软件，在说明文件的指导下，独立自主地进行实验，培养实践动手能力。

3）能够使用计算机对平面机构结构参数进行优化设计，通过计算机对该平面机构的运动进行仿真和测试分析，从而实现计算机辅助设计、计算机仿真和测试分析的有效结合，培养学生的创新意识。

二、设备与工具

1. 主要技术参数

1）曲柄导杆滑块机构主要技术参数见表 6-1。

表 6-1　曲柄导杆滑块机构主要技术参数

参数	数值	参数	数值
曲柄 AB 的长度 L_{AB}	可调 $0.04 \sim 0.06\mathrm{m}$	导杆 CD 的长度 L_{CD}	可调 $0.20 \sim 0.26\mathrm{m}$
曲柄质心 S_1 到点 A 的距离 L_{AS_1}	0	导杆质心 S_3 到点 C 的距离 L_{CS_3}	$0.145\mathrm{m}$
平衡质点 P_1 到点 A 的距离 L_{AP_1}	可调 $0.04 \sim 0.05\mathrm{m}$	导杆 CD 的质量 M_3	$0.9\mathrm{kg}$
曲柄 AB 的质量（不包括 M_{P_1}）	$M_1 = 2.45\mathrm{kg}$	导杆绕质心 S_3 的转动惯量 J_{S_3}	$0.00768\mathrm{kg} \cdot \mathrm{m}^2$
曲柄 AB 绕质心 S_1 的转动惯量（不包括 M_{P_1}）	$J_{S_1} = 0.0045\mathrm{kg} \cdot \mathrm{m}^2$	连杆 DE 的长度 L_{DE}	可调 $0.27 \sim 0.31\mathrm{m}$
		连杆质心 S_4 到点 D 的距离 L_{DS_4}	$0.15\mathrm{m}$
点 P_1 上的平衡质量 M_{P_1}	可调	连杆 DE 的质量 M_4	$0.55\mathrm{kg}$
滑块质量 M_2	$0.15\mathrm{kg}$	连杆绕质心 S_4 的转动惯量 J_{S_4}	$0.0045\mathrm{kg} \cdot \mathrm{m}^2$
曲柄点 A 到点 C 的距离 L_{AC}	$0.18\mathrm{m}$	滑块质量 M_5	$0.3\mathrm{kg}$

（续）

参数	数值	参数	数值
偏距值（上为正）e	可调 $0\sim0.035\mathrm{m}$	电动机（曲柄）的特性系数 G	$9.724(\mathrm{r/min})/$ $(\mathrm{N}\cdot\mathrm{m})$
浮动机架的总质量 M_6	$36.8\mathrm{kg}$		
加速度计的方向角 α	可调 $0°\sim360°$	许用速度不均匀系数 δ	按机械要求选取
电动机（曲柄）的额定功率 P	$90\mathrm{W}$	仿真计算步长 $d\Phi$	按计算精度选取

2）曲柄滑块机构主要技术参数见表 6-2。

表 6-2　曲柄滑块机构主要技术参数

参数	数值	参数	数值
曲柄 AB 的长度 L_{AB}	可调 $0.04\sim0.06\mathrm{m}$	连杆 BC 的长度 L_{BC}	可调 $0.27\sim0.31\mathrm{m}$
曲柄质心 S_1 到点 A 的距离 L_{AS_1}	0	连杆质心 S_2 到点 B 的距离 L_{BS_2}	$L_{BC}/2$
平衡质点 P_1 到点 A 的距离 L_{AP_1}	可调 $0.04\sim0.05\mathrm{m}$	连杆 BC 的质量 M_2	$0.3\mathrm{kg}$
曲柄 AB 的质量（不包括 M_{P_1}）	$M_1=1.175\mathrm{kg}$	连杆绕质心 S_2 的转动惯量 J_{S_2}	$0.00081\mathrm{kg}\cdot\mathrm{m}^2$
曲柄 AB 绕质心 S_1 的转动惯量（不包括 M_{P_1}）	$J_{S_1}=0.0155\mathrm{kg}\cdot\mathrm{m}^2$	滑块质量 M_3	$0.3\mathrm{kg}$
		偏距值（上为正）e	可调 $0\sim0.035\mathrm{m}$
点 P_1 上的平衡质量 M_{P_1}	可调		

曲柄滑块机构的其余原始参数同表 6-1。

2. 功能及特点

1）可测量曲柄及滑块的运动学参数和机架振动参数，并通过计算机多媒体虚拟仪表显示其速度、加速度曲线图。

2）可通过计算机多媒体软件模拟仿真曲柄、滑块的真实运动规律和机架振动规律，并显示速度、加速度曲线图，可与实测曲线分析比较。

3）配有专用的多媒体教学软件，学生可在软件说明的指导下独立自主地进行实验。

4）曲柄导杆滑块机构可拆装为曲柄滑块机构，因而可进行两种机构的实验。

5）多媒体软件还包括曲柄滑块机构的设计和连杆曲线的动态图，将测试、仿真与设计分析结合起来。

6）机构中活动构件的杆长、滑块的位置、平衡质量的位置、飞轮的质量均可调节，使机构运动特性达到最佳。

三、实验内容

1. 曲柄导杆滑块机构实验内容

（1）曲柄运动仿真和实测　通过机构模型计算得出曲柄的运动规律，绘制出曲柄角速度线图和角加速度线图；通过曲柄上的角位移传感器利用 A-D（模拟数字）转换器进行数据采集、转换和处理，输入计算机并通过显示器显示出实测的曲柄角速度和角加速度线图。对结果进行分析，了解机构结构对曲柄速度波动的影响。

（2）滑块运动仿真和实测　通过数学模型计算（即数模计算）得出滑块的真实运动规律，绘制出滑块相对于曲柄转角的速度、加速度线图；通过滑块上的位移传感器、曲柄上的同步转角传感器和 A-D 转换器进行数据采集、转换和处理，输入计算机并通过显示器显示出实测的滑块相对于曲柄转角的速度和加速度线图。通过分析，了解机构结构对滑块的速度波动和急回特性的影响。

（3）机架振动仿真和实测　通过数模计算，先得出机构质心（即激振源）的位移及速度，并绘制出激振源在设定方向上的速度线图、激振力线图（即不平衡惯性力）。通过机座上可调节的加速度传感器和 A-D 转换器进行数据采集、转换和处理，输入计算机并通过显示器显示出实测的机架振动在指定方向上的速度、加速度线图。通过分析，了解激振力对机架振动的影响。

2. 曲柄滑块机构实验内容

（1）曲柄滑块机构设计　曲柄滑块机构设计是通过计算机进行的机构辅助设计，能进行"按行程速度变化系数设计"和"连杆运动轨迹设计"。"连杆运动轨迹设计"是通过计算机进行虚拟仿真实验，给出连杆上不同点的运动轨迹，根据工作要求，选择适合的轨迹曲线及相应曲柄滑块机构，为按运动轨迹设计曲柄滑块机构提供方便、快捷的实验设计方法。

（2）曲柄运动仿真和实测　通过数模计算得出曲柄的真实运动规律，绘制出曲柄角速度及角加速度线图；通过曲柄上的角位移传感器和 A-D 转换器进行数据采集、转换和处理，输入计算机并通过显示器显示出实测的曲柄角速度和角加速度线图。通过分析，了解机构结构对曲柄速度波动的影响。

（3）滑块运动仿真和实测　通过数模计算得出滑块的真实运动规律，绘制出滑块相对于曲柄转角的速度、加速度线图；通过滑块上的位移传感器、曲柄上的同步转角传感器和 A-D 转换器进行数据采集、转换和处理，输入计算机并通过显示器显示出实测的滑块相对于曲柄转角的速度和加速度线图。通过分析，了解机构结构对滑块的速度波动和急回特性的影响。

（4）机架振动仿真和实测　通过模数计算，先得出机构质心（即激振源）的位移及速度，并绘制出激振源在设定方向上的速度线图、激振力线图（即不平衡惯性力），指出需要增加的平衡质量。通过机座上可调节的加速度传感器和 A-D 转换器进行数据采集、转换和处理，输入计算机并通过显示器显示出实测的机架振动在指定方向上的速度、加速度线图。通过分析，了解激振力对机架振动的影响。

四、软件界面操作说明

以曲柄导杆滑块机构综合实验模块为例介绍软件界面及操作。

1）曲柄导杆滑块机构动画演示界面如图 6-1 所示，该界面显示实际曲柄导杆滑块机构的三维动画和该实验模块的实验内容、实验步骤及界面操作说明。具体说明如下：

"上一帧"：单击此按钮，显示该曲柄导杆滑块机构三维画面的上一帧。

"下一帧"：单击此按钮，显示该曲柄导杆滑块机构三维画面的下一帧。

"继续"：单击此按钮，继续播放该曲柄导杆滑块机构的三维动画，同时"继续"按钮变为"暂停"按钮；反之，单击"暂停"按钮，三维动画停止播放，"暂停"按钮变为"继续"按钮。

"导杆滑块机构"：单击此按钮，进入曲柄导杆滑块机构原始参数输入界面。

"曲柄滑块机构"：单击此按钮，进入曲柄滑块机构动画演示界面。

"关闭音乐"：单击此按钮，音乐关闭，同时"关闭音乐"按钮变为"打开音乐"按钮；反之，单击"打开音乐"按钮，音乐打开，"打开音乐"按钮变为"关闭音乐"按钮。

"内容简介"：单击此按钮，显示曲柄导杆滑块机构综合实验模块的实验内容、实验步骤及软件界面操作说明，同时"内容简介"按钮变为"动画演示"按钮；反之，单击"动画演示"按钮，显示曲柄导杆滑块机构的三维动画，"动画演示"按钮变为"内容简介"按钮。

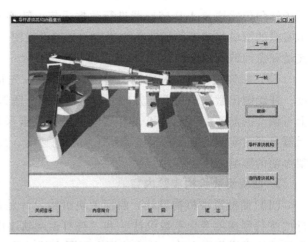

图 6-1　曲柄导杆滑块机构动画演示界面

"返回"：单击此按钮，返回软件启动界面。

"退出"：单击此按钮，结束程序的运行，返回 Windows 桌面。

2）曲柄导杆滑块机构原始参数输入界面如图 6-2 所示，在该界面上输入的参数包括曲柄、导杆、连杆的长度、质量和转动惯量、滑块 2 的质量、滑块 5 的质量、偏距、许用速度不均匀系数和电动机特性参数。具体说明如下：

"曲柄运动仿真"：单击此按钮，进入曲柄运动仿真与测试界面。

"滑块运动仿真"：单击此按钮，进入滑块运动仿真与测试界面。

"机架振动仿真"：单击此按钮，进入机架振动仿真与测试界面。

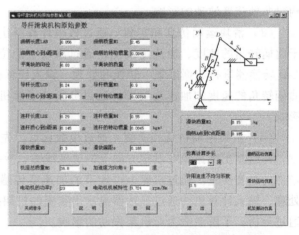

图 6-2　曲柄导杆滑块机构原始参数输入界面

"关闭音乐"：单击此按钮，音乐关闭，同时"关闭音乐"按钮变为"打开音乐"按钮；反之，单击"打开音乐"按钮，音乐打开，"打开音乐"按钮变为"关闭音乐"按钮。

"说明"：单击此按钮，弹出曲柄导杆滑块机构原始参数说明以及该界面操作说明框。

"返回"：单击此按钮，返回曲柄导杆滑块机构动画演示界面。

"退出"：单击此按钮，结束程序的运行，返回 Windows 桌面。

3）曲柄运动仿真与测试界面如图 6-3 所示，该界面有运动模拟、曲柄真实运动规律仿真和曲柄测量运动规律三个主区域及多个按钮。具体说明如下：

"仿真"：单击此按钮可以看到曲柄滑块机构曲柄的运动模拟图及曲柄真实运动规律曲线和仿真结果。若速度波动小于许用值，则弹出"合格"提示框；若速度波动大于许用值，则弹出"不合格"提示框，并显示需要的飞轮转动惯量。

"实测"：单击此按钮可以看到实测时的曲柄运动规律曲线及实测结果。

"关闭音乐"：单击此按钮，音乐关闭，同时"关闭音乐"按钮变为"打开音乐"按钮；反之，单击"打开音乐"按钮，音乐打开，"打开音乐"按钮变为"关闭音乐"按钮。

"说明"：单击此按钮，弹出曲柄真实运动仿真及测试说明以及该界面操作说明框。

"打印"：单击此按钮，弹出"打印"对话框，可将曲柄真实运动仿真曲线图和实测曲线图打印出来或保存为文件。

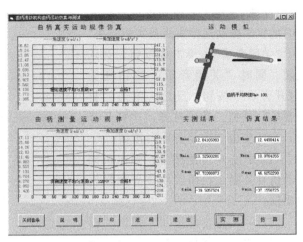

图 6-3 曲柄运动仿真与测试界面

"返回"：单击此按钮，返回曲柄导杆滑块机构原始参数输入界面。

"退出"：单击此按钮，结束程序的运行，返回 Windows 桌面。

4）滑块运动仿真与测试界面如图 6-4 所示，该界面有运动模拟、滑块真实运动规律仿真和滑块测量运动规律三个主区域及多个按钮。具体说明如下：

"仿真"：单击此按钮可以看到曲柄滑块机构滑块的运动模拟图及滑块真实运动规律曲线和仿真结果。

"实测"：单击此按钮可以看到实测时的滑块运动规律曲线及实测结果。

"关闭音乐"：单击此按钮，音乐关闭，同时"关闭音乐"按钮变为"打开音乐"按钮；反之，单击"打开音乐"按钮，音乐打开，"打开音乐"按钮变为"关闭音乐"按钮。

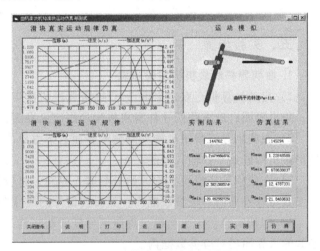

图 6-4 滑块运动仿真与测试界面

"说明"：单击此按钮，弹出滑块真实运动仿真及测试说明以及该界面操作说明框。

"打印"：单击此按钮，弹出"打印"对话框，可将滑块真实运动仿真曲线图和实测曲线图打印出来或保存为文件。

"返回"：单击此按钮，返回曲柄导杆滑块机构原始参数输入桌面。

"退出"：单击此按钮，结束程序的运行，返回 Windows 桌面。

5）机架振动仿真与测试界面如图 6-5 所示，该界面有运动模拟、机构质心运动规律仿真和机架振动测量运动规律三个主区域及多个按钮。具体说明如下：

"仿真"：单击此按钮可以看到曲柄导杆滑块机构机架运动模拟图及机架振动规律曲线和仿真结果。

"实测"：单击此按钮可以看到实测时的机架振动规律曲线及实测结果。

"关闭音乐"：单击此按钮，音乐关闭，同时"关闭音乐"按钮变为"打开音乐"按钮；反之，单击"打开音乐"按钮，音乐打开，"打开音乐"按钮变为"关闭音乐"按钮。

"说明"：单击此按钮，弹出机架振动仿真及测试说明以及该界面操作说明框。

"打印"：单击此按钮，弹出"打印"对话框，可将机架振动仿真曲线图和实测曲线图打印出来或保存为文件。

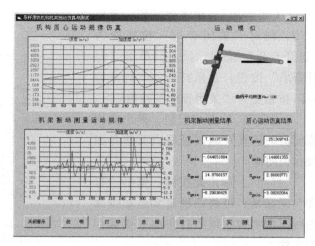

图6-5　机架振动仿真与测试界面

"返回"：单击此按钮，返回曲柄导杆滑块机构原始参数输入界面。

"退出"：单击此按钮，结束程序的运行，返回 Windows 桌面。

五、实验步骤

1. 曲柄导杆滑块机构实验步骤

1）启动计算机，双击桌面上"曲柄滑块机构"图标，进入曲柄导杆滑块机构软件界面；单击界面，进入曲柄导杆滑块机构动画演示界面，如图6-1所示。

2）在曲柄导杆滑块机构动画演示界面右下方单击"导杆滑块机构"按钮，进入曲柄导杆滑块机构原始参数输入界面。

3）在曲柄导杆滑块机构原始参数输入界面，将设计好的曲柄导杆滑块机构的尺寸填写在参数输入界面的对应参数框内，然后按设计的尺寸调整曲柄导杆滑块机构各尺寸长度。

4）起动实验台的电动机，待曲柄导杆滑块机构运转平稳后，测定电动机的功率，填入参数输入界面的对应参数框内。

5）在曲柄导杆滑块机构原始参数输入界面右下方单击选定的实验内容（曲柄运动仿真、滑块运动仿真或机架振动仿真），进入选定实验的界面。

6）在选定的实验内容的界面右下方单击"仿真"按钮，动态显示机构即时位置和速度、加速度曲线图。单击"实测"按钮，进行数据采集和传输，显示实测的速度、加速度曲线图。若动态参数不满足要求或速度波动过大，有关实验界面均会弹出提示"不满足！"及有关参数的修正值。

7）如果要打印仿真和实测的速度、加速度曲线图，在选定的实验内容界面下方单击"打印"按钮，可打印出仿真和实测的速度、加速度曲线图。

8）如果要做其他实验或动态参数不满足要求，在选定的实验内容界面下方单击"返回"按钮，返回曲柄导杆滑块机构原始参数输入界面，校对所有参数并修改有关参数，单击选定的实验内容，进入有关实验界面。

9）如果实验结束，单击"退出"按钮，返回 Windows 桌面。

2. 曲柄滑块机构实验步骤

1）启动计算机，双击"曲柄滑块机构"图标，进入曲柄导杆滑块机构软件界面；单击界面，进入曲柄导杆滑块机构动画演示界面，如图 6-1 所示。

2）在曲柄导杆滑块机构动画演示界面右下方单击"曲柄滑块机构"按钮，进入曲柄滑块机构动画演示界面，如图 6-6 所示。

3）在曲柄滑块机构动画演示界面右下方单击"曲柄滑块机构"按钮，进入曲柄滑块机构原始参数输入界面。

4）在曲柄滑块机构原始参数输入界面右下方单击"曲柄滑块机构设计"按钮，弹出设计方法选项框，单击所选定的"设计方法一"或"设计方法二"，弹出设计对话框，输入行

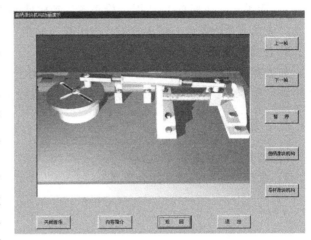

图 6-6　曲柄滑块机构动画演示界面

程速度变化系数、滑块行程等原始参数，待计算结果出来后，单击"确定"按钮，计算机将计算出的参数填写在参数输入界面的对应参数框内；单击"连杆运动轨迹"进入连杆运动轨迹界面，给出连杆上不同点的运动轨迹。根据工作要求，选择适合的轨迹曲线及相应曲柄滑块机构，也可以按使用者自己设计的曲柄滑块机构的尺寸填写在参数输入界面的对应参数框内，然后按设计的尺寸调整曲柄滑块机构各尺寸长度。

5）起动实验台的电动机，待曲柄滑块机构运转平稳后，测定电动机的功率，填入参数输入界面的对应参数框内。

6）在曲柄滑块机构原始参数输入界面右下方单击选定的实验内容（曲柄运动仿真、滑块运动仿真或机架振动仿真），进入选定实验的界面。

7）在选定的实验内容界面右下方单击"仿真"按钮，动态显示机构即时位置和速度、加速度曲线图。单击"实测"按钮，进行数据采集和传输，显示实测的速度、加速度曲线图。若动态参数不满足要求或速度波动过大，有关实验界面均会弹出提示"不满足！"及有关参数的修正值。

8）如果要打印仿真和实测的速度、加速度曲线图，在选定的实验内容界面下方单击"打印"按钮，打印机自动打印出仿真和实测的速度、加速度曲线图。

9）如果要做其他实验或动态参数不满足要求，在选定的实验内容界面下方单击"返回"按钮，返回曲柄滑块机构原始参数输入界面，校对所有参数并修改有关参数，单击选定的实验内容，进入有关实验界面。

10）如果实验结束，单击"退出"按钮，返回 Windows 桌面。

六、实验操作注意事项

1. 开机前的准备

初次使用时，需仔细阅读说明，特别是注意事项。

1）拆下有机玻璃保护罩用清洁抹布将实验台，特别是机构各运动构件清理干净，加少量 N68-48 机油至各运动构件滑动轴承处。

2）将面板上调速旋钮逆时针旋转到底（转速最低）。

3）用手转动曲柄盘 1~2 周，检查各运动构件的运行状况，各螺母紧固件应无松动，各运动件应无卡死现象。一切正常后，方可按实验指导书的要求操作。

2. 注意的事项

如因需要调整实验机构杆长的位置时，请特别注意，当各项调整工作完成后，一定要用扳手将该拧紧的螺母全部检查一遍，用手转动曲柄盘检查机构运转情况，方可进行下一步操作。

七、思考题

1）试分析引起机器振动的原因。

2）机械振动对机械有什么危害？

运动参数测定实验报告

实验日期：_____年____月____日

班级：_____姓名：_____指导教师：_____成绩：_____

一、实验目的

二、思考题

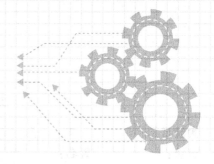

凸轮机构综合实验

在各种机械设备，特别是自动设备和自动控制装置中，广泛采用各种形式的凸轮机构。凸轮机构运动学及动力学性能的好坏直接影响整机的工作性能，尤其是在高速凸轮机构中，显得尤为重要。

一、实验目的

1）能够使用计算机对凸轮机构运动参数进行动态采集、处理，绘出实测的动态参数曲线；能够使用计算机对该凸轮机构模型进行运动仿真，绘出相应的动态参数曲线，从而实现理论与实际的紧密结合。

2）能够使用计算机在软件界面和说明文件的指导下，独立自主地进行实验，培养实际动手能力。

3）能够使用计算机对凸轮机构结构参数进行优化设计，通过计算机对凸轮机构的运动进行仿真和测试分析，从而实现计算机辅助设计、计算机仿真和测试分析的有效结合，培养创新意识。

二、设备与工具

1. 主要技术参数

1）盘形凸轮主要技术参数见表 7-1。

表 7-1　盘形凸轮主要技术参数

原始参数	凸轮序号			
	1	2	3	4
推程运动规律	改进等速运动规律	等加速等减速运动规律	改进正弦加速度运动规律	3-4-5 次多项式运动规律
回程运动规律	改进等速运动规律	改进梯形运动规律	正弦加速度运动规律	余弦加速度运动规律
凸轮基圆半径 r_0	40mm	40mm	40mm	40mm
从动件滚子半径 r_T	7.5mm	7.5mm	7.5mm	7.5mm
推杆升程 h	15mm	15mm	15mm	15mm
偏心距 e	5mm	5mm	0mm	5mm
推程转角 Φ	150°	150°	150°	150°
远休止角 Φ_S	30°	30°	0°	30°
回程运动角 Φ'	120°	120°	150°	120°
凸轮质量 M_1	2.035kg	2.035kg	2.035kg	2.035kg
凸轮转动惯量 J_1	1000kg·mm²	1000kg·mm²	1000kg·mm²	1000kg·mm²

2）圆柱凸轮主要技术参数见表7-2。

表7-2　圆柱凸轮主要技术参数

项目	参数	项目	参数
推程运动规律	改进等速运动规律	偏心距 e	0
回程运动规律	改进等速运动规律	推程转角 Φ	150°
凸轮基圆半径 r_0	40mm	远休止角 Φ_S	30°
从动件滚子半径 r_T	7.5mm	回程运动角 Φ'	120°
推杆升程 h	15mm		

3）推杆原始参数见表7-3。

表7-3　推杆原始参数

项目	参数	项目	参数
推杆质量 M_2	0.2kg	推杆与滑道间的摩擦系数 f_2	0.1
推杆支承座宽 L	10mm	弹簧刚度 K	0.03N/mm
支承座距基圆的距离 B	25mm	弹簧初压缩量 DL	10mm
推杆与凸轮间的摩擦系数 f_1	0.05		

4）动力原始参数见表7-4。

表7-4　动力原始参数

项目	参数	项目	参数
电动机(曲柄)的额定功率 P	90W	许用速度不均匀系数 δ	按实际要求选取
电动机(曲柄)力学特性 g	9.724r/min/(N·mm)	计算步长 $\mathrm{d}\Phi$	按计算精度选取

2. 功能及特点

1）可测量凸轮、推杆的运动学参数，并通过计算机多媒体虚拟仪表显示其速度、加速度曲线图。

2）可通过计算机仿真软件计算凸轮、推杆的真实运动规律，并显示其速度、加速度波形图，可与实测曲线分析比较。

3）配有专用的多媒体教学软件，学生可在软件界面说明文件的指导下独立自主地进行实验。

4）盘形凸轮机构可拆装为圆柱凸轮机构，因而可进行两种凸轮机构的实验。

5）盘形凸轮机构配有四个（共包含八种运动规律）凸轮、一个推杆，圆柱凸轮机构配有一个凸轮。

6）盘形凸轮机构的偏距可调节，飞轮质量可调节，使机构运动特性可调。

三、实验内容

1. 盘形凸轮机构实验内容

（1）凸轮运动仿真和实测　通过凸轮机构模型计算得出凸轮的真实运动规律，绘出凸轮角速度和角加速度线图，并进行速度波动调节计算。通过凸轮上的角位移传感器和A-D转换器进行数据的采集、转换和处理，并输入计算机显示出实测的凸轮角速度和角加速度线图。通过分析，学生可以了解机构结构对凸轮速度波动的影响。

（2）推杆运动仿真和实测 通过数模计算得出推杆的真实运动规律，绘出推杆相对于凸轮转角的速度和加速度线图。通过推杆上的位移传感器、凸轮上的同步转角传感器和A-D转换器进行数据的采集、转换和处理，输入计算机显示出实测的推杆相对于凸轮转角的速度和加速度线图。通过分析，可以了解机构结构及加工质量对推杆速度波动的影响。

2. 圆柱凸轮机构实验内容

（1）凸轮运动仿真和实测 通过数模计算得出凸轮的真实运动规律，绘出凸轮角速度和角加速度线图，并进行速度波动调节计算。通过凸轮上的角位移传感器和A-D转换器进行数据的采集、转换和处理，并输入计算机显示出实测的凸轮角速度和角加速度线图。通过分析，可以了解机构结构对凸轮速度波动的影响。

（2）推杆运动仿真和实测 通过数模计算得出推杆的真实运动规律，绘出推杆相对于凸轮转角的速度、加速度线图。通过推杆上的位移传感器、凸轮上的同步转角传感器和A-D转换器进行数据的采集、转换和处理，输入计算机显示出实测的推杆相对于凸轮转角的速度和加速度线图。通过分析比较，可以了解机构结构及加工质量对推杆速度波动的影响。

四、软件界面操作说明

以盘形凸轮机构综合实验模块为例介绍软件界面操作说明。

1）盘形凸轮机构动画演示界面如图7-1所示。

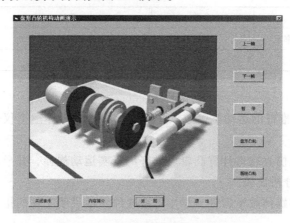

图7-1　盘形凸轮机构动画演示界面

该界面显示实际盘形凸轮机构的三维动画和该实验模块的实验内容、实验步骤及界面操作说明，包括：

"上一帧"：单击此按钮，显示该盘形凸轮机构的三维动画的上一帧。

"下一帧"：单击此按钮，显示该盘形凸轮机构的三维动画的下一帧。

"继续"：单击此按钮，播放该盘形凸轮机构的三维动画，同时"继续"按钮变为"暂停"按钮；反之，单击"暂停"按钮，三维动画停止，"暂停"按钮变为"继续"按钮。

"盘形凸轮"：单击此按钮，进入盘形凸轮机构原始参数输入界面。

"圆柱凸轮"：单击此按钮，进入圆柱凸轮机构动画演示界面。

"关闭音乐"：单击此按钮，音乐关闭，同时"关闭音乐"按钮变为"打开音乐"按钮；反之，单击"打开音乐"按钮，音乐打开，"打开音乐"按钮变为"关闭音乐"按钮。

"内容简介"：单击此按钮，显示盘形凸轮机构综合实验模块的实验内容、实验步骤及软件界面操作说明，同时"内容简介"按钮变为"动画演示"按钮；反之，单击"动画演示"按钮，显示盘形凸轮机构的三维动画，"动画演示"按钮变为"内容简介"按钮。

"返回"：单击此按钮，返回软件启始界面。

"退出"：单击此按钮，结束程序的运行，返回 Windows 桌面。

2）盘形凸轮机构原始参数输入界面如图 7-2 所示。

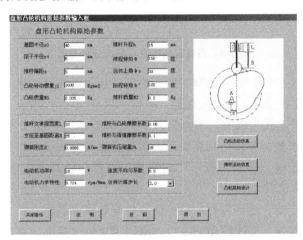

图 7-2　盘形凸轮机构原始参数输入界面

在该界面上的功能和输入的参数如图 7-2 所示，具体如下：

"凸轮运动仿真"：单击此按钮，弹出"凸轮运动规律"选择框，待选定凸轮运动规律后，单击"确定"按钮，进入凸轮运动仿真与测试分析界面。

"推杆运动仿真"：单击此按钮，弹出"推杆运动规律"选择框，待选定推杆运动规律后，单击"确定"按钮，进入推杆运动仿真与测试分析界面。

"凸轮机构设计"：单击此按钮，弹出"盘形凸轮机构设计"对话框。

"关闭音乐"：单击此按钮，音乐关闭，同时"关闭音乐"按钮变为"打开音乐"按钮；反之，单击"打开音乐"按钮，音乐打开，"打开音乐"按钮变为"关闭音乐"按钮。

"说明"：单击此按钮，弹出盘形凸轮机构原始参数说明以及该界面操作说明。

"返回"：单击此按钮，返回盘形凸轮机构动画演示界面。

"退出"：单击此按钮，结束程序的运行，返回 Windows 桌面。

3）凸轮运动仿真与测试分析界面如图 7-3 所示。

该界面设有运动模拟、凸轮真实运动规律仿真和凸轮测量运动规律三个主要区域及多个按钮，具体如下：

"仿真"：单击此按钮可以看到凸轮机构运动模拟图及凸轮真实运动规律曲线和仿真结果。若速度波动小于许用值，则弹出"合格"提示框；若速度波动大于许用值，则弹出"不合格"提示框，并显示需要的飞轮转动惯量。

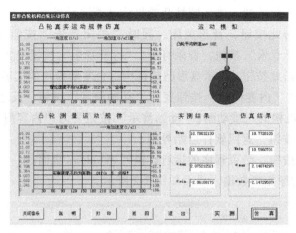

图7-3 凸轮运动仿真与测试分析界面

"实测"：单击此按钮可以看到实测时的凸轮运动规律曲线及结果。

"关闭音乐"：单击此按钮，音乐关闭，同时"关闭音乐"按钮变为"打开音乐"按钮；反之，单击"打开音乐"按钮，音乐打开，"打开音乐"按钮变为"关闭音乐"按钮。

"说明"：单击此按钮，弹出凸轮真实运动仿真及测试分析说明和该界面操作说明。

"打印"：单击此按钮，弹出"打印"对话框，可将凸轮真实运动仿真曲线图和实测曲线图打印出来或保存为文件。

"返回"：单击此按钮，返回盘形凸轮机构原始参数输入界面。

"退出"：单击此按钮，结束程序的运行，返回 Windows 桌面。

4）推杆运动仿真与测试分析界面如图7-4所示。

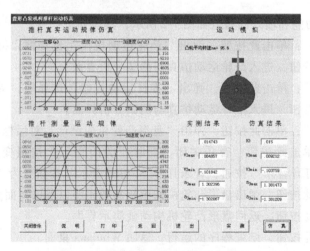

图7-4 推杆运动仿真与测试分析界面

该界面设有运动模拟、推杆真实运动规律仿真和推杆测量运动规律三个主要区域及多个按钮，具体如下：

"仿真"：单击此按钮可以看到凸轮机构运动模拟图及推杆真实运动规律曲线和仿真结果。

"实测"：单击此按钮可以看到实测时的推杆运动规律曲线及结果。

"关闭音乐"：单击此按钮，音乐关闭，同时"关闭音乐"按钮变为"打开音乐"按钮；反之，单击"打开音乐"按钮，音乐打开，"打开音乐"按钮变为"关闭音乐"按钮。

"说明"：单击此按钮，弹出推杆真实运动仿真及测试分析说明和该界面操作说明。

"打印"：单击此按钮，弹出"打印"对话框，可将推杆真实运动仿真曲线图和实测曲线图打印出来或保存为文件。

"返回"：单击此按钮，返回盘形凸轮机构原始参数输入界面。

"退出"：单击此按钮，结束程序的运行，返回 Windows 桌面。

圆柱凸轮机构实验软件操作可参考盘形凸轮机构实验软件操作，基本一致。

五、实验步骤

1. 盘形凸轮机构实验步骤

1）打开计算机，双击"凸轮机构"图标，进入凸轮机构运动测试设计仿真综合实验台软件系统的界面。单击界面，进入盘形凸轮机构动画演示界面。

2）在盘形凸轮机构动画演示界面右下方单击"盘形凸轮"按钮，进入盘形凸轮机构原始参数输入界面。

3）在盘形凸轮机构原始参数输入界面的右下方单击"凸轮机构设计"按钮，弹出"凸轮机构设计"对话框；输入必要的原始参数，单击"设计"按钮，弹出"选择运动规律"对话框，选定推程和回程运动规律，单击"确定"按钮，返回"凸轮机构设计"对话框；待计算结果出来后，单击"确定"按钮，计算机自动将设计好的盘形凸轮机构的尺寸填写在参数输入界面对应的参数框内。也可以自行设计，然后按设计的尺寸调整推杆偏距。

4）起动实验台的电动机，待盘形凸轮机构运转平稳后，测定电动机的功率，将参数填入输入界面的对应参数框内。

5）在盘形凸轮机构原始参数输入界面右下方单击选定的实验内容（凸轮运动仿真、推杆运动仿真），进入选定实验的界面。

6）在选定实验内容界面的右下方单击"仿真"按钮，动态显示机构即时位置和动态的速度、加速度曲线图。单击"实测"按钮，进行数据采集和传输，显示实测的速度、加速度曲线图。若动态参数不满足要求或速度波动过大，有关实验界面均会弹出提示"不满足！"及有关参数的修正值。

7）如果要打印仿真和实测的速度、加速度曲线图，在选定实验内容界面的下方单击"打印"按钮，可打印出仿真和实测的速度、加速度曲线图。

8）如果要做其他实验或动态参数不满足要求，在选定实验内容界面的下方单击"返回"按钮，返回盘形凸轮机构原始参数输入界面，校对所有参数并修改有关参数，单击选定的实验内容，进入有关实验界面，以下步骤同前。

9）如果实验结束，单击"退出"按钮，返回 Windows 桌面。

2. 圆柱凸轮机构实验步骤

1）同盘形凸轮机构实验步骤1）。

2）在盘形凸轮机构动画演示界面右下方单击"圆柱凸轮"按钮，进入圆柱凸轮机构动画演示界面。

3）在圆柱凸轮机构动画演示界面右下方单击"圆柱凸轮"按钮，进入圆柱凸轮机构原始参数输入界面。

4）在圆柱凸轮机构原始参数输入界面的右下方单击"凸轮机构设计"按钮，弹出"凸轮机构设计"对话框；输入必要的原始参数，单击"设计"按钮，弹出"选择运动规律"对话框，选定推程和回程运动规律，单击"确定"按钮，返回"凸轮机构设计"对话框；待计算结果出来后，单击"确定"按钮，计算机自动将设计好的圆柱凸轮机构的尺寸填写在参数输入界面的对应参数框内。也可以自行设计，然后按设计的尺寸调整推杆偏距。

5）起动实验台的电动机，待圆柱凸轮机构运转平稳后，测定电动机的功率，将参数填入输入界面的对应参数框内。

6）在圆柱凸轮机构原始参数输入界面右下方单击"凸轮运动仿真"按钮，进入圆柱凸轮机构的凸轮运动仿真及测试分析界面。

7）在凸轮运动仿真及测试分析的界面右下方单击"仿真"按钮，动态显示机构即时位置和凸轮动态的角速度、角加速度曲线图。单击"实测"按钮，进行数据采集和传输，显示实测的角速度、角加速度曲线图。若动态参数不满足要求或速度波动过大，有关实验界面均会弹出提示"不满足！"及有关参数的修正值。

8）如果要打印仿真和实测的角速度、角加速度曲线图，在凸轮运动仿真及测试分析的界面下方单击"打印"按钮，可打印出仿真和实测的角速度、角加速度曲线图。

9）如果要做其他实验或动态参数不满足要求，在凸轮运动仿真及测试分析界面下方单击"返回"按钮，返回圆柱凸轮机构原始参数输入界面，校对所有参数并修改有关参数，单击选定的实验内容进入有关实验界面。以下步骤同前。

10）如果实验结束，单击"退出"按钮，返回 Windows 桌面。

六、实验操作注意事项

1. 开机前的准备

1）拆下有机玻璃保护罩用清洁抹布将实验台，特别是机构各运动构件清理干净，加少量 N68-N48 润滑油至各运动构件滑动轴承处。

2）将面板上调速旋钮逆时针旋转到底（转速最低）。

3）用手转动飞轮盘 1~2 周，检查各运动构件的运行状况，各螺母紧固件应无松动，各运动构件应无卡死现象。一切正常后，方可开始按实验指导书的要求操作。

2. 注意的事项

如因需要调整实验机构杆长的位置时，请特别注意，当各项调整工作完成后，一定要用扳手将螺母逐个检查一遍，转动飞轮盘检查机构运转情况，确认无异常情况之后方可进行实验操作。

凸轮机构综合实验报告

实验日期：＿＿＿＿＿＿＿年＿＿＿月＿＿＿日

班级：＿＿＿＿＿＿　姓名：＿＿＿＿＿＿　指导教师：＿＿＿＿＿＿　成绩：＿＿＿＿＿

一、简述实验目的

二、简述影响凸轮机构运动性能的主要因素

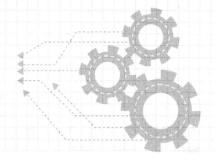

实验八

机构运动创新设计实验

　　机构的种类繁多，在"机械原理"课程中主要研究纯机械式的传统机构，如连杆机构、凸轮机构、齿轮机构等。机构的结构不同、类型不同、工作原理不同，其性能、效率、安全性、可靠性、可操作性和经济性也不相同。不同的机构可以实现不同的运动，也可以实现相同的运动；同一机构经过巧妙地改造能够获得和原来不相同的运动或动力特性；一个机械产品的工艺动作有时只需要一个很简单的机构就可以实现，有时需要一些复杂的机构，甚至需要多个机构共同协调运动才能实现。因此，如何根据工艺动作的特点从众多的机构中独具慧眼地挑选出最合理的机构，如何独具匠心地创造出新机构，如何独出心裁地将多个机构集成在一起，使之成为一个能理想地完成设计任务的功能载体，是机构创新设计中一个最富有挑战性的关键环节。

一、实验目的

1）能够解释平面机构的组成原理和结构形式，说明平面机构的运动特点。
2）培养学生的机构综合设计能力、创新能力和实践动手能力。

二、设备与工具

1）ZBS-C 机构运动创新设计方案实验台组成元件，其规格和功能见表 8-1。

表 8-1　ZBS-C 机构运动创新设计方案实验台组成元件及其规格和功能

序号	组成元件	示意图	规格和功能
1	齿轮		模数为 2mm，压力角为 20°，齿数为 28、35、42、56，中心距组合为 63mm、70mm、77mm、84mm、91mm、98mm
2	凸轮		基圆半径为 20mm，从动件行程为 30mm
3	齿条		模数为 2mm，压力角为 20°，单根齿条全长为 400mm
4	槽轮		4 槽槽轮
5	拨盘		可形成两销拨盘或单销拨盘

（续）

序号	组成元件	示意图	规格和功能
6	主动轴		轴端带有一平键,有圆头和扁头两种结构形式(可构成转动副或移动副)
7	从动轴		轴端无平键,有圆头和扁头两种结构形式(可构成转动副或移动副)
8	移动副		轴端带扁头结构形式(可构成移动副)
9	转动副轴(或滑块)		用于两构件形成转动副或移动副
10	复合铰链Ⅰ(或滑块)		用于三构件形成复合转动副或形成转动副+移动副
11	复合铰链Ⅱ		用于四构件形成复合转动副
12	主动滑块插件		插入主动滑块座孔中,使主动运动为往复直线运动
13	主动滑块座		装入直线电动机齿条轴上形成往复直线运动
14	活动铰链座Ⅰ		用于在滑块导向杆(或连杆)以及连杆的任意位置形成转动-移动副
15	活动铰链座Ⅱ		用于在滑块导向杆(或连杆)以及连杆的任意位置形成转动或移动副
16	滑块导向杆(或连杆)		滑轨
17	连杆Ⅰ		有六种长度不等的连杆
18	连杆Ⅱ		可形成三个转动副的连杆
19	压紧螺栓		规格 M5,使连杆与转动副轴固紧,无相对转动且无轴向窜动
20	带凸台压紧螺栓		规格 M5
21	层面限位套		限定不同层面间的平面运动构件距离,防止运动构件之间的干涉

（续）

序号	组成元件	示意图	规格和功能
22	紧固垫片		限制轴的回转
23	高副锁紧弹簧		保证凸轮与从动件间的高副接触
24	齿条护板		保证齿轮与齿条间的正确啮合
25	T型螺母		用于电动机座与行程开关座的固定
26	行程开关碰块		行程限位
27	带轮		用于机构主、从动件均为转动时的传动
28	张紧轮		用于传动带的张紧
29	张紧轮支承杆		调整张紧轮位置，使其张紧或放松传动带
30	张紧轮轴销		安装张紧轮
31	螺栓Ⅰ		M10×15 用于在连杆任意位置固紧活动铰链座Ⅰ
32	螺栓Ⅱ		M10×20
33	螺栓Ⅲ		M8×15
34	直线电动机		10mm/s，配直线电动机控制器，根据主动滑块移动的距离，调节两行程开关的相对位置来调节齿条或滑块往复运动距离，但调节距离不得大于400mm
35	旋转电动机		转速为10r/min，沿机架上的长形孔可改变电动机的安装位置

（续）

序号	组成元件	示意图	规格和功能
36	实验台机架		整体模型框架支承
37	平头紧定螺钉		规格分别为 M6、M8、M10
38	六角螺母		规格分别为 M10、M12

2）装拆工具：一字螺钉旋具、十字螺钉旋具、呆扳手、内六角扳手、钢直尺、卷尺。

3）实验需自备纸和笔。

以下主要介绍几种典型的连接图，如图 8-1～图 8-12 所示。其中，各零件编号与"ZBS-C 机构运动创新设计方案实验台组件清单"（见表 8-1）中序号相同。

1）主、从动轴与机架的连接如图 8-1 所示。按图 8-1 所示方法将轴连接好后，从动轴 8（或主动轴 6、从动轴 7）不能转动，与机架 36 形成刚性连接；若不装配紧固垫片 22，则从动轴（或主动轴）可以做旋转运动。

2）转动副的连接如图 8-2 所示。按图 8-2 所示连接好后，采用压紧螺栓 19 连接连杆 16（17，18），与转动副轴 9 无相对运动；采用带凸台压紧螺栓 20 连接连杆 16（17，18），与转动副轴 9 可相对转动，从而形成两连杆的相对旋转运动。

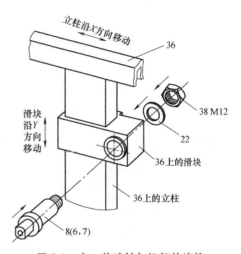

图 8-1　主、从动轴与机架的连接

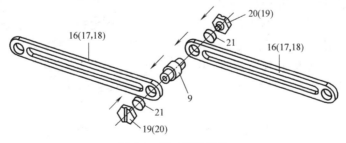

图 8-2　转动副的连接

3）移动副的连接如图 8-3 所示。

4）活动铰链座 I 的安装如图 8-4 所示。按图 8-4 所示的连接，可在连杆 16（17，18）任意位置形成铰链。滑块 9 如图 8-4 所示装配，就可在活动铰链座 I 14 上形成转动副或形成转-移动副。

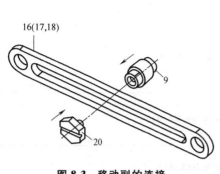

图 8-3　移动副的连接

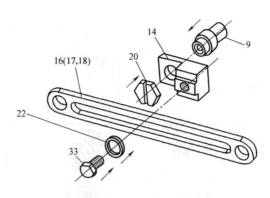

图 8-4　活动铰链座 I 的安装

5）活动铰链座Ⅱ的安装如图 8-5 所示。如图 8-5 所示连接，可在连杆任意位置形成铰链，从而形成转动副。

6）复合链 I 的安装如图 8-6 所示。

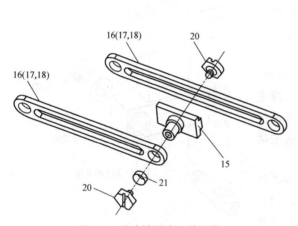

图 8-5　活动铰链座Ⅱ的安装

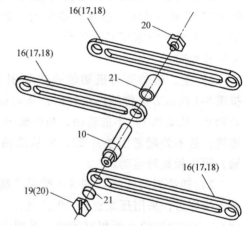

图 8-6　复合链 I 的安装

若将复合铰链I的平端插入连杆长槽中则构成移动副，而连接螺栓均应用带垫片螺栓。

7）复合铰链Ⅱ的安装如图 8-7 所示。

复合铰链 I 连接好后，可构成 3 个构件组成的复合铰链，也可构成复合铰链+移动副。复合铰链Ⅱ连接好后，可构成 4 个构件组成的复合铰链。

8）齿轮与主（从）动轴的连接如图 8-8 所示。

9）凸轮与主（从）动轴的连接如图 8-9 所示。

10）凸轮副的连接如图 8-10 所示。

如图 8-10 所示连接后，连杆与主（从）动轴间可相对移动，并由高副锁紧弹簧 23 保持

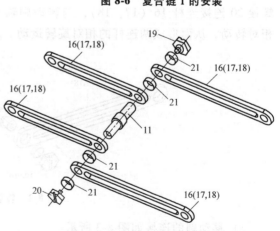

图 8-7　复合铰链Ⅱ的安装

凸轮与从动件的高副接触。

11）槽轮机构的连接如图 8-11 所示。槽轮 4 装入主（从）动轴后，应用平头紧定螺钉 37 使槽轮与主（从）动轴无相对运动。

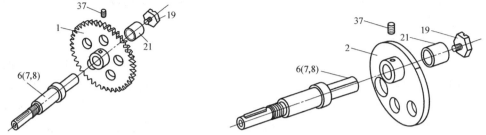

图 8-8　齿轮与主（从）动轴的连接　　　　图 8-9　凸轮与主（从）动轴的连接

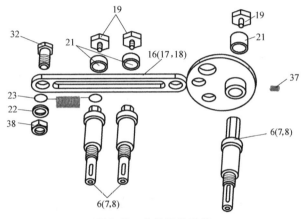

图 8-10　凸轮副的连接

12）主动滑块与直线电动机轴的连接如图 8-12 所示。当由滑块作为主动件时，将主动滑块座 13 与直线电动机轴固连即可，并完成如图 8-12 所示的连接就可形成主动滑块。

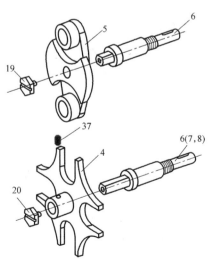

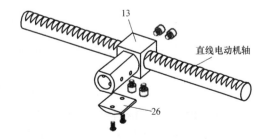

图 8-11　槽轮机构的连接　　　　　　图 8-12　主动滑块与直线电动机轴的连接

三、实验原理和方法

1. 实验原理

任何平面机构都是由若干个基本杆组依次连接主动件和机架构成的,本实验采用机构组成的基本原理开展机构创新训练。

2. 杆组概念、基本杆组的拆分与拼装

(1) 杆组的概念 机构具有确定运动的条件是其主动件的数目应等于其所具有的自由度数目。因此,机构可以拆分成机架、主动件和自由度为零的构件组。而自由度为零的构件组,还可以拆分成更简单的自由度为零的构件组,将最后不能再拆的最简单的自由度为零的构件组称为基本杆组(或阿苏尔杆组),简称为杆组。由杆组的定义可知,组成平面机构的基本杆组应满足的条件为

$$F = 3n - 2P_L - P_H = 0 \tag{8-1}$$

式中 n——杆组中的活动构件数;

P_L——杆组中的低副数;

P_H——杆组中的高副数。

由于构件数和运动副数目均应为整数,故当 n、P_L、P_H 取不同数值时,可得各类基本杆组。

1) 高副杆组(见图8-13): $n = P_L = P_H = 1$。

2) 低副杆组:当 $P_H = 0$ 时,杆组中的运动副全部为低副,称为低副杆组。

由于 $F = 3n - 2P_L = 0$,故 $n = 2P_L/3$,故 n 应当是 2 的倍数,而 P_L 应当是 3 的倍数,即 $n = 2$、4、6、…,$P_L = 3$、6、9、…。

当 $n = 2$,$P_L = 3$ 时,基本杆组称为 Ⅱ 级杆组。Ⅱ级杆组是应用最多的基本杆组,绝大多数的机构均由 Ⅱ 级杆组组成。Ⅱ级杆组可以有图8-14 所示的五种不同类型。

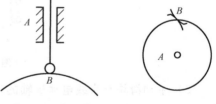

图 8-13 高副杆组

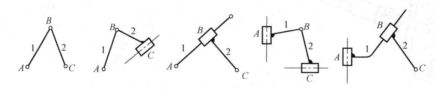

图 8-14 平面低副 Ⅱ 级杆组

当 $n = 4$,$P_L = 6$ 时的基本杆组特称为 Ⅲ 级杆组,常见的平面低副 Ⅲ 级杆组如图8-15 所示。

由上述分析可知,任何平面机构均可以用零自由度的杆组依次连接到机架和主动件上的方法形成。因此,上述机构的组成原理是机构创新设计拼装的基本原理。

(2) 杆组的正确拆分 杆组正确拆分应参照如下步骤:

1) 正确计算机构的自由度(注意去掉机构中的虚约束和局部自由度),并确定主动件。

2) 从远离主动件的构件开始拆杆组。先试拆 Ⅱ 级杆组,若拆不出 Ⅱ 级杆组,再试拆 Ⅲ

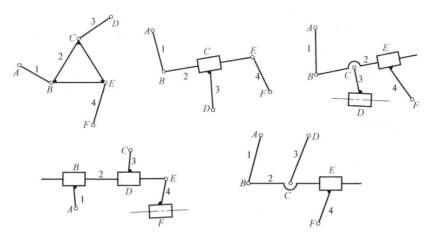

图 8-15 平面低副Ⅲ级杆组

级杆组，即杆组的拆分应从低级别杆组拆分开始，依次向高一级杆组拆分。

正确拆分的判别标准：每拆分出一个杆组后，留下的部分仍应是一个与原机构有相同自由度的机构，直至全部杆组拆出只剩下主动件和机架为止。

3）确定机构的级别（由拆分出的最高级别杆组而定，如最高级别为Ⅱ级杆组，则该机构为Ⅱ级机构）。

注意：同一机构所取的主动件不同，有可能成为不同级别的机构。但当机构的主动件确定后，杆组的拆法是唯一的，即该机构的级别一定。

若机构中含有高副，为研究方便起见，可根据一定条件将机构的高副以低副来代替，然后再进行杆组拆分。

（3）杆组拆分举例 如图 8-16 所示为锯木机机构。先去掉 K 处的局部自由度，计算机构的自由度：$F = 3n - 2P_L - P_H = 3 \times 8 - 2 \times 11 - 1 = 1$。

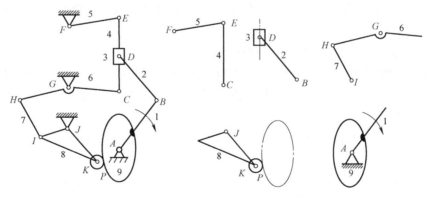

图 8-16 杆组拆分举例（锯木机机构）

设凸轮（与杆件 1 固连）为主动件，按拆分原则，先分别拆分出由杆件 4 和 5、杆件 2 和 3、杆件 6 和 7 组成的三个Ⅱ级杆组，再拆分出由杆件 8 组成的单构件高副杆组，最后剩下的是主动件 1 和机架 9。则该机构为Ⅱ级机构。

（4）杆组的正确拼装 根据事先拟定的机构运动简图，利用机构运动创新设计方案实验台提供的零件，按机构运动的传递顺序进行拼装。通常先从主动件开始，按运动传递路线进行拼装。拼装时，应保证各构件均在相互平行的平面内运动，这样可避免各运动构件之间的干涉，同时保证各构件运动平面与轴的轴线垂直。拼装应以机架竖直面为参考平面，由里向外拼装。

注意：为避免连杆之间运动平面相互紧贴而摩擦力过大或发生运动干涉，在装配时应相应装入层面限位套。

四、实验内容

1）设计平面运动机构，绘制机构运动简图并拆分组成机构。

2）根据自拟的平面机构运动方案进行三维建模。

3）运用 Adams 软件对所建模型进行动力学仿真并生成仿真动画。

4）将基本杆组按运动传递顺序连接到主动件和机架上，验证其运动规律是否与 Adams 仿真动画相符。

五、实验步骤

机构运动创新设计实验的运动方案由学生自行构思或参考工程机械中应用的各种平面机构，对平面机构运动进行创新设计并根据构思的方案对机构进行三维建模，通过动力学分析软件 Adams 对所建模型进行机构运动规律仿真和动画输出，之后将输出的机构动画与平面机构方案拼接后的运动结果相互对比进行验证。

步骤一：掌握平面机构组成原理，熟悉本实验中的实验设备、各零部件功用和装拆工具。

步骤二：分组设计绘制具备一定功能目标的机构运动简图，并进行拆分。明确机构的活动构件及运动副关系。

步骤三：根据平面机构运动方案运用三维建模软件进行建模，三维建模软件可采用 SolidWorks、NX、Creo 等，模型导出格式为 x_t 格式，建模完成后将模型导入到 Adams 软件中进行运动仿真。

步骤四：用 Adams 软件进行运动分析仿真。

步骤五：实物搭建验证。实验时每台架可由 3~4 名学生一组，完成小组设计的不同机构运动方案的拼接设计实验，加深对机构设计原理及几何设计方法的理解，掌握相关实用技能，培养创造性思维。

步骤六：实验完成后拆卸机构，将所有零件和工具放回到实验箱中。下面重点对步骤四进行介绍。

Adams 软件是美国 MSC 公司旗下的一款仿真产品，是针对机械系统进行动力分析的专用软件，其仿真分析功能和应用范围目前处于世界领先水平。随着 Adams 软件内容的不断完善和更新，其版本也不断地变更。本次实验中运用到的版本为 Adams2020。Adams 软件的设计流程包括创建模型（Build）、检验（Test）和验证模型（Validate）、完善模型（Refine）、迭代（Iterate）仿真、优化设计（Optimize）以及自动化设计（Automate）。其功能模块可分为核心基础模块、扩展附加和接口模块、专业模块、实用工具箱及第三方模块等。下面以筛料机构为例进行具体介绍。

1. 建立筛料机构三维模型

本例中运用 SolidWorks 软件建立筛料机构的三维模型，构件包括曲柄 1、连杆 2、摇杆 3、连杆 4、滑块 5、底座 6 和 7，构件经装配后如图 8-17 所示。

2. 基于 Adams 软件进行机构运动仿真

以筛料机构为例，应用 Adams 软件对导入模型进行仿真分析及对结果进行后处理。主要包括工作环境设置、运动副的创建、运动仿真分析、动画播放等。

（1）启动 Adams 软件

1）启动 Adams 软件。双击计算机桌面上的"Adams View"图标。

2）创建模型名称。模型名称创建过程如图 8-18 和图 8-19 所示。

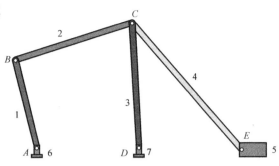

图 8-17　筛料机构

1—曲柄　2、4—连杆　3—摇杆　5—滑块　6、7—底座

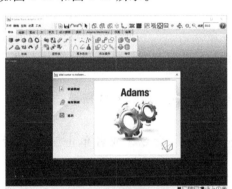

图 8-18　欢迎界面

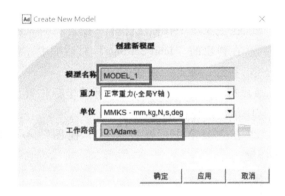

图 8-19　"创建新模型"对话框

① 在"Welcome to Adams"对话框中单击"新建模型"图标。

② 在弹出的"创建新模型"对话框的"模型名称"文本框中输入"MODEL_1"

③ 将"工作路径"后的路径修改为"D：\ Adams"（也可以将路径设定为其他位置）。

④ 单击"确定"按钮。

（2）设置工作环境

1）设置单位。单位的设置如图 8-20 所示。

① 在主菜单中，依次选择"设置"→"单位"命令。

② 在弹出的"Units Settings"对话框中，分别设置"长度"为"毫米"、"质量"为"千克"、"力"为"牛顿"、"时间"为"秒"、"角"为"度"、"频率"为"赫兹"。

③ 单击"确定"按钮。

2）设置工作网格。工作网格的设置如图 8-21 所示。

① 在主菜单中，依次选择"设置"→"工作格栅"命令。

② 在弹出的"Working Grid Settings"对话框中，将"大小"的"X"值设置为"450mm"，"Y"值设置为"350mm"；将"间隔"的"X"值和"Y"值均设置为

"50mm"。

③ 单击"确定"按钮。

提示：如果单击"应用"按钮，系统同样执行与单击"确定"按钮相同的命令，但对话框不关闭。

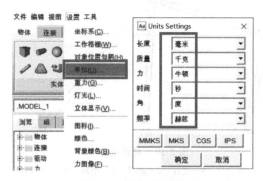

图 8-20 单位的设置

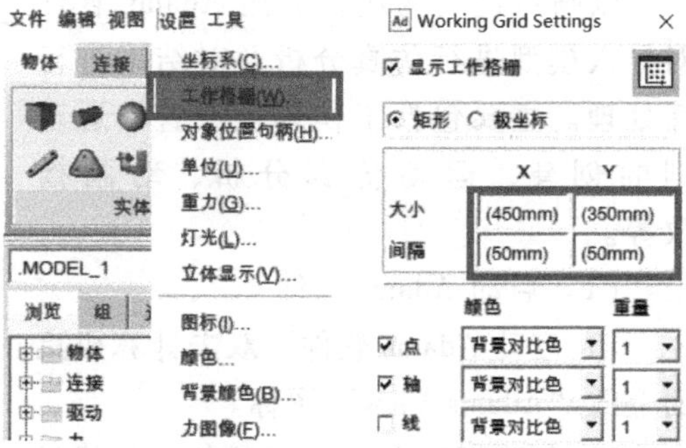

图 8-21 工作网格的设置

3）设置图标。图标设置如图 8-22 所示。

① 在主菜单中，依次选择"设置"→"图标"命令。

② 在弹出的"Icon Settings"对话框中，将"新的尺寸"文本框中的值设置为"20"。

③ 单击"确定"按钮。

4）打开光标位置显示。光标的坐标位置显示窗口打开操作如图 8-23 所示。

① 单击工作区。

② 在主菜单中，依次选择"视图"→"坐标窗口"命令，或者单击工作区后按<F4>键。

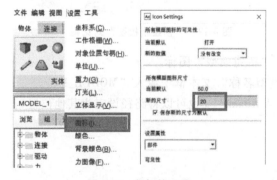

图 8-22 图标的设置

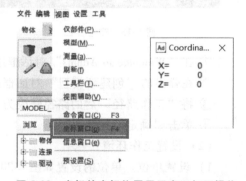

图 8-23 光标的坐标位置显示窗口打开操作

（3）导入模型并设置运动副和运动

1）导入模型。导入模型的过程如图 8-24 所示。

① 在主菜单中，依次选择"文件"→"导入"命令。

② 在弹出的"File Import"对话框中，设置文件类型为 Parasolid（ *.xmt_txt， *.x_t， *.xmt _bin， *.x_b）"，在"读取文件"文本框中右击浏览，找到筛料机构三维模型所在的工作路径，模型名称设置为"MODEL_1"。

③ 单击"确定"按钮。导入模型后单击右下角黄色球形按钮进行实体填充渲染，如

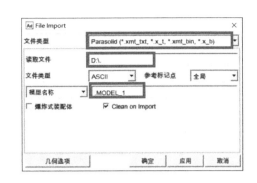

图 8-24 导入模型的过程

图 8-25 所示。

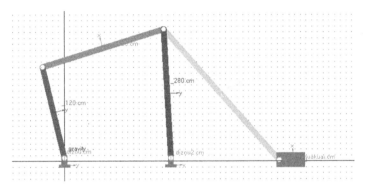

图 8-25 实体填充渲染

2）创建运动副与约束。本例中的筛料机构构件包括曲柄 1、连杆 2、摇杆 3、连杆 4、滑块 5、底座 6、底座 7。构成的运动副包括曲柄 1 与连杆 2 构成转动副、连杆 2 与摇杆 3 构成转动副、摇杆 3 与连杆 4 构成转动副、连杆 2 与连杆 4 构成转动副、曲柄 1 与底座 6 构成转动副、摇杆 3 与底座 7 构成转动副、连杆 4 与滑块 5 构成转动副、滑块 5 与地面构成移动副、底座 6 和底座 7 与地面构成固定副。

以曲柄 1 与连杆 2 构成的转动副为例，运动副"JOINT_1"，创建过程如图 8-26 所示。

① 在操作区"连接"项的"运动副"中，单击"创建转动副"图标。

② 选择"曲柄 1"和"连杆 2"。

③ 单击两杆连接中心点，转动副"JOINT 1"创建完成。

用类似的方法可以创建筛料机构的其余转动副，复合铰链相互之间的运动副都需要创建。

以连杆 4 与滑块 5 构成的移动副为例，移动副"JOINT_2"创建过程如图 8-27 所示。

① 在操作区"连接"项的"运动副"中，单击"创建移动副"图标。

② 选择"机架"和"滑块 5"。

③ 单击滑块的右下端点，确定移动副运动方向后，"JOINT 2"创建完成。

以底座 6 与地面构成的固定副为例，运动副"JOINT_3"创建过程如图 8-28 所示。

① 在操作区"连接"项的"运动副"中，单击"创建固定副"图标。

② 选择"底座 6"和"Ground"。

③ 单击底座的左下端点确定固定点，固定副"JOINT 3"创建完成。

用类似的方法可以创建筛料机构的其余固定副。

3）施加运动。拟定曲柄 1 为主动件，给曲柄 1 施加一个运动（Motion），如图 8-29 所示。

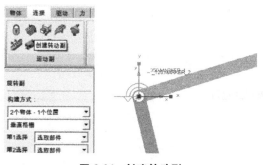

图 8-26 创建转动副

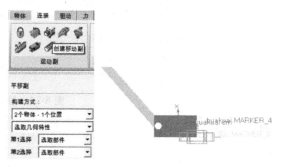

图 8-27 创建移动副

图 8-28 创建固定副

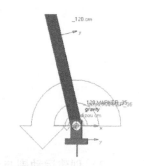

图 8-29 创建运动

① 在操作区"驱动"项的"运动副驱动"中，单击"转动驱动"图标。

② 在"旋转速度"文本框中输入"20"。

③ 单击运动副（曲柄 1 与底座 6 构成的转动副），运动被施加到该转动副上。

（4）保存模型　模型保存过程如图 8-30 所示。

1）在主菜单中，依次选择"文件"→"把数据库另存为"命令，在弹出的"Save Database As..."对话框中的"文件名称"文本框中输入文件的名称"MODEL_1"。

2）单击"确定"按钮。

提示：建议使用英文名称的路径和文件名称。

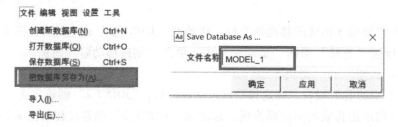

图 8-30 模型保存过程

（5）仿真设置　仿真设置过程如图8-31所示。

1）在操作区"仿真"项的"仿真分析"中，单击"Simulation Control"图标。

2）设置"终止时间"为"20"，设置"步数"为"100"。

3）单击"开始仿真"按钮进行仿真。

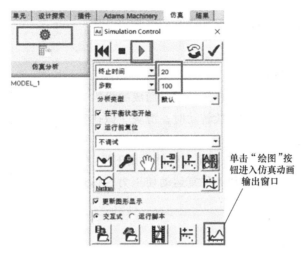

图8-31　仿真设置

（6）仿真动画输出　如图8-31所示，单击"Simulation Control"界面"绘图"按钮进入到"Adams PostProcessor Adams 2020"界面，可以将仿真过程中产生的动画以AVI的格式输出，这样该动画就可以应用其他媒体播放软件进行播放，如图8-32所示。

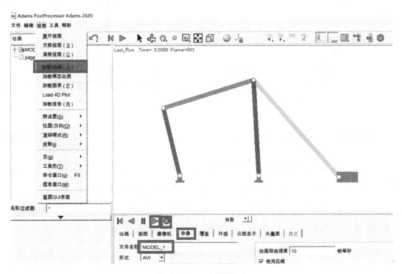

图8-32　动画输出

1）在"Adams PostProcessor Adams 2020"对话框中，依次选择"视图"→"加载动画"命令，调入仿真动画模型。

2）单击"录像"选项卡（位于下部选项卡集中）。

3）在"文件名称"文本框中输入所要保存动画的AVI文件的名称，这里取系统默认与模型名相同的名称"MODEL_1"。

4）单击"记录 R"红色按钮，然后单击左侧绿色三角播放按钮，动画录制开始。当滑动条滑动到末端时，即完成动画的录制。

5）录制结束后在数据库保存路径的文件夹中可以找到该动画。

六、参考工程机械示例

1. 内燃机机构

内燃机机构如图 8-33 所示。

1）机构组成：曲柄滑块与摇杆滑块组合而成的机构。

2）工作特点：当曲柄 1 做连续转动时，滑块 7 做往复直线移动，同时摇杆 4 做往复摆动带动滑块 6 做往复直线移动。

该机构用于内燃机中，滑块 7 在压力气体作用下做往复直线运动（故滑块 7 是实际的主动件），带动曲柄 1 回转并使滑块 6 往复运动使压力气体通过不同路径进入滑块 7 的左、右端并实现排气。

2. 精压机机构

精压机机构如图 8-34 所示。

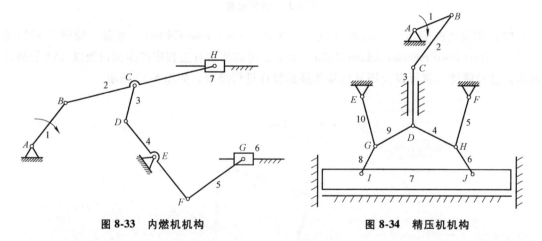

图 8-33　内燃机机构　　　　　图 8-34　精压机机构

1）机构组成：该机构由曲柄滑块机构和两个对称的摇杆滑块机构所组成。对称部分由杆件 4-5-6-7 和杆件 8-9-10-7 两部分组成，其中一部分为虚约束。

2）工作特点：当曲柄 1 连续转动时，滑块 3 上下移动，通过杆 4-5-6 使滑块 7 做上下移动，完成物料的压紧。对称部分 8-9-10-7 的作用是使构件 7 平稳下压，使物料受载均衡。

3）用途：钢板打包机、纸板打包机、棉花打捆机、剪板机等均可采用此机构完成预期工作。

3. 牛头刨床机构

牛头刨床机构如图 8-35 所示。

图 8-35b 所示是将图 8-35a 中的构件 3 由导杆变为滑块，而将构件 4 由滑块变为导杆形成的。

1）机构组成：牛头刨床机构由摆动导杆机构与双滑块机构组成。在图 8-35a 中，构件

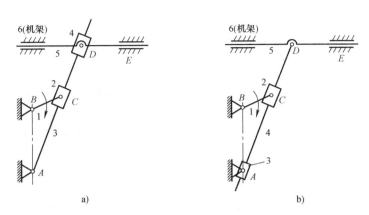

图 8-35 牛头刨床机构

2、3、4 组成两个同方位的移动副，且构件 3 与其他构件组成移动副两次；图 8-35b 则是将图 8-35a 中 D 点滑块移至 A 点，使 A 点移动副在箱底处，易于润滑，还可使移动副摩擦损失减少，机构工作性能得到改善。图 8-35 所示的两种机构的运动特性完全相同。

2）工作特点：当曲柄 1 回转时，导杆 3 绕点 A 摆动并具有急回特性，使杆 5 完成往复直线运动，并具有工作行程慢，非工作行程快回的特点。

4. 齿轮-曲柄摇杆机构

齿轮-曲柄摇杆机构如图 8-36 所示。

1）机构组成：该机构由曲柄摇杆机构和齿轮机构组成，其中小齿轮与连杆 2 形成刚性连接。

2）工作特点：当曲柄 1 回转时，连杆 2 驱动摇杆 3 摆动，从而通过小齿轮与齿轮 4 的啮合驱动齿轮 4 回转。由于摆杆 3 往复运动，从而实现齿轮 4 的往复转动。

5. 齿轮-曲柄摇块机构

齿轮-曲柄摇块机构如图 8-37 所示。

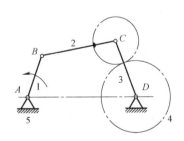

图 8-36 齿轮-曲柄摇杆机构

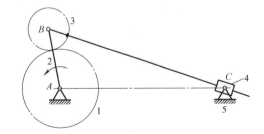

图 8-37 齿轮-曲柄摇块机构

1）机构组成：该机构由齿轮机构和曲柄摇块机构组成。其中，齿轮 1 与杆 2 可相对转动，而小齿轮则装在铰链 B 点并与导杆 3 固联。

2）工作特点：杆 2 做圆周运动，曲柄通过连杆使摇块摆动从而改变连杆姿态，使小齿轮带动齿轮 1 做相对曲柄的同向回转与逆向回转。

6. 喷气织机开口机构

喷气织机开口机构如图 8-38 所示。

1）机构组成：该机构由曲柄摇块机构、齿轮齿条机构和摇杆滑块机构组合而成，其中齿条与导杆 BC 固连，摇杆 DD' 与齿轮 G 固连。

2）工作特点：曲柄 AB 以等角速度回转，带动导杆 BC 随摇块摆动的同时与摇块做相对移动，在导杆 BC 上固装的齿条 E 与活套在轴上的齿轮 G 相啮合，从而使齿轮 G 做大角度摆动，与齿轮 G 固连在一起的杆 DD' 随之运动，通过连杆 DF（D' F'）使滑块做往复运动。组合机构中，齿条 E 的运动是由移动和转动合成的复合运动，而齿轮 G 的运动就取决于这两种运动的合成。

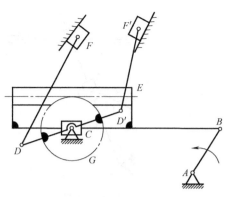

图 8-38 喷气织机开口机构

7. 双滑块机构

双滑块机构如图 8-39 所示。

1）机构组成：该机构由双滑块组成，可看成由曲柄滑块机构 A-B-C 组成，从而将滑块 4 视做虚约束。

2）工作特点：当曲柄 1 做匀速转动时，滑块 3、4 均做直线运动，同时，杆件 2 上任一点的轨迹为一椭圆。

8. 双齿轮冲压机构

冲压机构如图 8-40 所示。

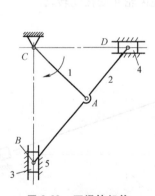

图 8-39 双滑块机构

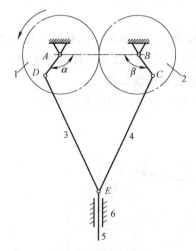

图 8-40 冲压机构

1）机构组成：该机构由齿轮机构与对称配置的两套曲柄滑块机构组合而成，AD 杆与齿轮 1 固连，BC 杆与齿轮 2 固连。

2）组成要求：$z_1 = z_2$；$AD = BC$；$\alpha = \beta$。

3）工作特点：齿轮 1 匀速转动，带动齿轮 2 回转，从而通过连杆 3、4 驱动杆 5 上下直线运动完成预定功能。

该机构可拆去杆件 5，而 E 点运动轨迹不变，故该机构可用于因受空间限制无法安置滑槽，但又须获得直线进给的自动机械中。而且对称布置的曲柄滑块机构可使滑块运动受力状态较好。

4）应用：此机构可用于冲压机、充气泵、自动送料机中。

9. 插床机构

插床机构如图 8-41 所示。

1）机构组成：该机构由转动导杆机构与对心曲柄滑块机构组成。

2）工作特点：曲柄 1 匀速转动，通过滑块 2 带动从动杆 3 绕 B 点回转，通过连杆 4 驱动滑块 5 做直线移动。由于导杆机构驱动滑块 5 往复运动时对应的曲柄 1 转角不同，故滑块 5 具有急回特性。

3）应用：此机构可用于刨床和插床等机械中。

10. 凸轮-连杆组合机构

凸轮-连杆组合机构如图 8-42 所示。

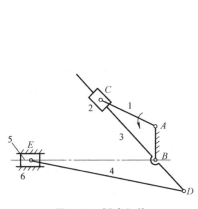
图 8-41　插床机构

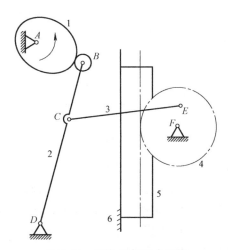
图 8-42　凸轮-连杆组合机构

1）机构组成：该机构由凸轮机构和曲柄连杆机构以及齿轮齿条机构组成，且曲柄 EF 与齿轮为固连构件。

2）工作特点：凸轮为主动件匀速转动，通过摇杆 2、连杆 3 使齿轮 4 回转，且通过齿轮 4 与齿条 5 的啮合使齿条 5 做直线运动，由于凸轮轮廓曲线和行程限制以及各杆件的尺寸制约关系，齿轮 4 只能做往复转动，从而使齿条 5 做往复直线移动。

3）应用：此机构用于粗梳毛纺细纱机钢领板运动的传动机构。

11. 凸轮-五连杆机构

凸轮-五连杆机构如图 8-43 所示。

1）机构组成：该机构由凸轮机构和连杆机构组成，其中凸轮与主动曲柄 1 固连，又与摆杆 4 构成高副。

2）工作特点：凸轮 1 匀速回转，通过杆 1 和杆 3 将运动传递给杆 2，因此杆 2 的运动是两种运动的合成运动，连杆 2 上的 C 点可以实现给定的运动轨迹。

12. 行程放大机构

行程放大机构如图 8-44 所示。

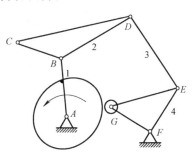
图 8-43　凸轮-五连杆机构

1）机构组成：该机构由曲柄滑块机构和齿轮齿条机构组成，其中齿条 5 固定为机架，齿轮 4 为移动件。

2）工作特点：曲柄 1 匀速转动，连杆上 C 点做直线运动，通过齿轮 3 带动齿条 4 做直线移动，齿条 4 的移动行程是 C 点行程的两倍，故为行程放大机构。

注意：若为偏置曲柄滑块，则齿条 4 具有急回特性。

13. 冲压机构

冲压机构如图 8-45 所示。

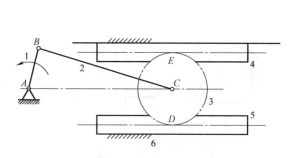

图 8-44　行程放大机构

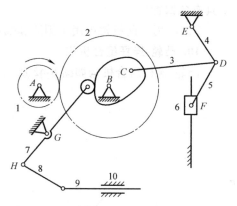

图 8-45　冲压机构

1）机构组成：该机构由齿轮机构、凸轮机构、连杆机构组成。

2）工作特点：齿轮 1 匀速转动，齿轮 2 带动与其固连的凸轮一起转动，通过连杆机构使滑块 6 和滑块 10 做往复直线移动，其中滑块 7 完成冲压运动，滑块 10 完成送料运动。

该机构可用于连续自动冲压机床或剪床（剪床则由滑块 6 作为剪切工具）。

14. 双摆杆摆角放大机构

双摆杆摆角放大机构如图 8-46 所示。

1）机构组成：由摆动导杆机构组成，且有 $L_1 > L_{AB}$（$L_{AC} > L_{AB}$）。

2）工作特点：当主动摆杆 1 摆动 α 角时，从动杆 3 的摆角为 β，且有 $\beta > \alpha$，实现了摆角放大。各参数间关系为

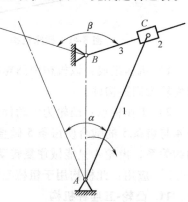

图 8-46　双摆杆摆角放大机构

$$\beta = 2\arctan \frac{\dfrac{AC}{AB}\tan\dfrac{\alpha}{2}}{\dfrac{AC}{AB} - \sec\dfrac{\alpha}{2}} \tag{8-2}$$

机构运动创新设计实验报告

实验日期：_____年____月____日

班级：_____姓名：_____指导教师：_____成绩：_____

一、绘制实际拼装机构的运动简图，并在简图中标注实测得到的机构运动学尺寸。

比例尺 $\mu_1 =$

二、画出拼装机构的杆组拆分简图，并简要说明杆组拆分的理由。

三、按照实验过程，将自行设计的机构三维模型、实验台搭建实物模型进行对比分析，将模型照片打印粘贴到以下空白区域。

四、Adams 软件在机构运动仿真过程中能够对哪些数据进行分析，在机构设计和工程制造过程中能够起什么样的技术支持？

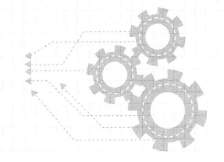

实验九

通用机械零件认识实验

一、实验目的

1）能够说明机械中有关联接、传动及其他通用零件的基本类型、结构形式。
2）能够说明各种标准件的基本结构形式及其相关的国家标准。
3）能够说明各类传动的相关特点及其实际应用。

二、实验方法

通过对机械设计陈列柜中各种零件的观察了解及对实验指导书的学习，结合实验教学人员的介绍、答疑，认识机器中常用的基本零件，使理论与实际对应起来，从而增强同学对机械零件的感性认识。并通过认真观察陈列的机械设备及机器模型，清晰地认识到机械零件是机器的基本组成要素。

三、实验内容

1. 螺纹联接的基本知识

螺纹联接和螺旋传动都是利用螺纹零件工作的。螺纹联接的主要用途是用于紧固零件，以保证联接强度及联接的可靠性，螺纹联接的类型如图 9-1 所示。螺旋传动主要作为传动件使用，要求保证螺旋副的传动精度、效率和磨损寿命等。

（1）螺纹的类型　常用的螺纹类型很多，主要分为两类 8 种，即用于紧固的粗牙普通螺纹、细牙普通螺纹、55°非密封管螺纹、55°密封管螺纹和 60°密封管螺纹；用于传动的矩形螺纹、梯形螺纹以及锯齿形螺纹。

（2）螺纹联接的基本类型　螺纹联接在结构上有 4 种基本类型，它们分别是螺栓联接、双头螺柱联接、螺钉联接和紧定螺钉联接。在螺栓联接中，又有普通螺栓联接与铰制孔用螺栓联接之分。普通螺栓联接的结构特点是被联接件上的通孔和螺栓杆间留有间隙，而铰制孔用螺栓联接的孔和螺栓杆间则采用过渡配合。除这 4 种基本类型外，还有吊环螺钉联接、T 形

图 9-1　螺纹联接的类型

槽螺栓联接、地脚螺栓联接等特殊结构类型。设计时，可根据需要加以选用。

（3）螺纹联接件　螺纹联接离不开联接件，螺纹联接件种类很多，常见的有螺栓、双头螺柱、螺钉、螺母、垫圈等，它们的结构形式和尺寸都已标准化，设计时可根据有关标准选用。

2. 螺纹联接的应用与设计

如图9-2所示，为了防止联接松脱以保证联接可靠，设计螺纹联接时必须采用有效的防松措施，这里陈列有靠摩擦防松的对顶螺母、弹簧垫圈、锁紧螺母；靠机械防松的开口销与六角开槽螺母、止动垫圈、串联钢丝以及特殊的端铆，冲点等防松方法。

（1）螺纹装配　绝大多数螺纹联接在装配时都必须预先拧紧，以增强联接的可靠性和紧密性。对于重要的联接，如缸盖螺栓联接，既需要足够的预紧力，但又不希望出现因预紧力过大而使螺栓过载拉断的情况。因此，在装配时要设法控制预紧力。控制预紧力的方法和工具很多，这里陈列的测力矩扳手和定力矩扳手就是常用的工具。测力矩扳手的工作原理是利用弹性变形来指示拧紧力矩的大小；定力矩扳手则利用了过载时卡盘与柱销打滑的原理，调整弹簧的压紧力可以控制拧紧力矩的大小。

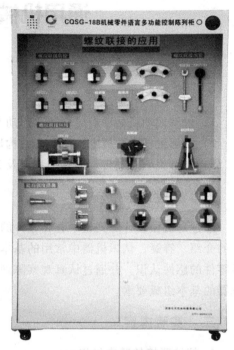

图 9-2　螺纹联接的应用

（2）螺纹联接的应用　螺纹联接的应用十分广泛，这里陈列了一些应用方面的模型。在应用中，作为紧固用的螺纹联接，要保证联接强度和紧密性；作为传递运动和动力的螺旋传动，则要保证螺旋副的传动精度、效率和磨损寿命等。

（3）提高螺栓强度的措施　为了提高螺栓联接的强度，可以采取很多措施，这里陈列的腰状杆螺栓、空心螺栓、螺母下装弹性元件以及在气缸螺栓联接中采用刚度较大的硬垫片或密封环密封，都能降低影响螺栓疲劳强度的应力幅。采用悬置螺母、环槽螺母、内斜螺母等均载螺母，能改善螺纹牙上载荷分布不均现象。采用球面垫圈、腰环螺栓联接，在支承面加工出凸台或沉孔座，倾斜支承面处加斜面垫圈等，都能减少附加弯曲应力。此外，采用合理的制造工艺方法，也有利于提高螺栓强度。

3. 键、花键和无键联接

如图9-3所示，参观展柜时，要仔细观察联接的结构及其适用场合，并能辨别各类零件。

（1）键联接　键是一种标准零件，通常用于实现轴与轮毂之间的周向固定，并传递转矩。这里陈列有键联接的几种主要类型，依次为普通平键联接、导向平键联接、滑键联接、半圆键联接、楔键联接和切向键联接。在这些键联接中，普通平键应用最为广泛。

（2）花键联接　花键联接是由外花键和内花键组成的。花键联接按其齿形不同，分为矩形花键和渐开线花键，它们都已标准化。花键联接虽然可以看作是平键联接在数目上的发展，但由于其结构与制造工艺不同，所以在强度、工艺和使用上表现出新的特点。

（3）无键联接　凡是轴与毂的联接不用键或花键时，统称为无键联接。这里陈列的型面联接模型，就属于无键联接的一种。无键联接因减少了应力集中，所以能传递较大的转矩，但加工比较复杂。

4. 铆焊、胶接和过盈配合联接

图 9-4 中陈列着铆焊、胶接和过盈配合联接的应用示例。

图 9-3　键、花键和无键联接

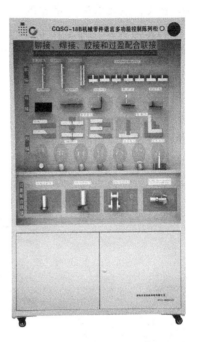

图 9-4　铆焊、胶接和过盈配合联接

1）铆接是一种很早就使用的简单的机械连接，主要由铆钉和被连接件组成。这里陈列有三种典型的铆缝结构形式，依次为搭接单盖板对接和双盖板对接。此外，还可以看到常用的铆钉在铆接后的七种形式。铆接具有工艺设备简单、抗振、耐冲击和牢固可靠等优点，但结构一般较为笨重，铆件上的钉孔会削弱强度，铆接时一般噪声很大。因此，目前除在桥梁、建筑、造船等工业部门仍常采用外，应用逐渐减少，并为焊接、胶接所代替。

2）焊接的方法很多，如电焊、气焊和电渣焊，其中尤以电焊应用最广，电焊焊接时形成的接缝称为焊缝。按照焊缝特点，焊接有正接角焊、搭接角焊、对接焊和塞焊等基本形式。

3）胶接是利用胶黏剂在一定条件下把预制的元件连接在一起，并具有一定的连接强度。采用胶接时，要正确选择胶黏剂和设计胶接接头的结构形式。这里陈列的是板件接头、圆柱形接头、锥形及不通孔接头、角接头等典型结构。

4）过盈配合联接是利用零件间的过盈配合来达到联接的目的，这里陈列的是常见的圆柱面过盈配合联接的应用示例。

5. 带传动

带传动如图 9-5 所示。在机械传动系统中，经常采用带传动来传递运动和动力。观察带传动模型，可知它由主、从动带轮及套在两轮上的传动带所组成，当电动机驱动主动轮转动时，由于带和带轮间摩擦力的作用，便拖动从动轮一起转动，并传递一定的动力。

（1）传动带类型　传动带有多种类型，这里陈列有平带、标准普通 V 带、接头 V 带、多楔 V 带及同步带，其中以标准普通 V 带应用最广，这种传动带制成无接头的环带，按横剖面尺寸分为 Y、Z、A、B、C、D、E 七种型号。

（2）V 带轮结构　这里陈列有实心式、腹板式、孔板式和轮辐式等常用形式，选择什么样的结构形式，主要取决于带轮的直径。带轮尺寸由带轮型号确定。

（3）带的张紧装置　为了防止 V 带松弛，保证带的传动能力，设计时必须考虑张紧问题，常见的张紧装置有滑道式定期张紧装置、摆架式定期张紧装置、利用电动机自重的自动张紧装置以及张紧轮装置。

6. 链传动

链传动如图 9-6 所示。链传动属于带有中间挠性件的啮合传动。观察链传动模型，可知它由主、从动链轮和链条所组成。

按用途不同，链可分为传动链和起重运输链。在一般机械传动中，常用的是传动链。这里陈列有常见的单排滚子链、双排滚子链、齿形链和起重链。

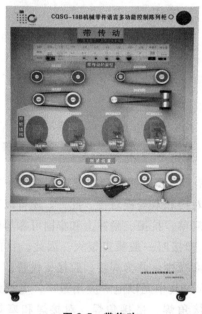

图 9-5　带传动

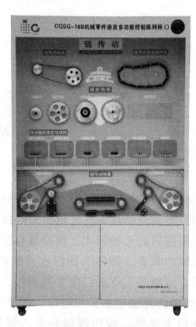

图 9-6　链传动

（1）链轮　链轮是链传动的主要零件。这里陈列有整体式、孔板式、齿圈焊接式和齿圈用螺栓联接式等不同结构的链轮。滚子链链轮的齿形已经标准化，可用标准刀具加工。

（2）传动链类型　传动链有许多种，这里陈列的有套筒滚子链、双列滚子链、起重链条和链接头，它们都广泛地运用在机械传动中。

（3）链传动的布置与张紧　链传动的布置是否合适，对传动的工作能力及使用寿命都有较大影响。水平布置时，紧边在上在下都可以，但在上好些。竖直布置时，为保证有效啮合，应考虑中心距可调、设置张紧轮以及使上下两轮偏置等措施。链传动张紧的目的主要是避免在链条垂度过大时产生啮合不良和链条的振动现象。这里展示有张紧轮定期张紧、张紧轮自动张紧和压板定期张紧等方法。

7. 齿轮传动

齿轮传动如图 9-7 所示。齿轮传动是机械传动中最主要的一类传动，形式很多，应用广泛。这里展示的是最常用的直齿圆柱齿轮传动、斜齿圆柱齿轮传动、人字齿轮传动、齿轮齿条传动、直齿锥齿轮传动和曲齿锥齿轮传动。

（1）齿轮失效形式　了解齿轮失效形式是设计计算齿轮传动的基础。这里陈列展示了齿轮常见的五种失效形式模型，它们分别是轮齿折断、齿面磨损、点蚀、胶合及塑性变形。针对失效形式，可以建立相应的设计准则。目前设计使用齿轮传动时，通常只按保证齿根弯曲疲劳强度及保证齿面接触疲劳强度两准则进行计算。

（2）齿轮的强度计算　为了进行强度计算，必须对轮齿进行受力分析，这里陈列的有直齿轮、斜齿轮和锥齿轮轮齿受力分析模型，可以帮助人们形象地了解作用在齿面的法向力分解为圆周力、径向力及轴向力的情况，至于各分力的大小可由相应的计算公式确定。

（3）齿轮的结构形式　这里陈列有齿轮轴、实心式、腹板式、带加强肋的腹板式、轮辐式等常用结构，设计时主要根据齿轮的尺寸确定。

8. 蜗杆传动

蜗杆传动如图 9-8 所示。蜗杆传动是用来传递空间互相垂直而不相交的两轴间的运动和动力的传动机构，由于它具有传动比大而结构紧凑等优点，所以应用较广。这里展示的是普通圆柱蜗杆传动、三头蜗杆传动、圆弧面蜗杆传动和锥蜗杆传动等常见类型。其中，应用最多的是普通圆柱蜗杆传动，即阿基米德蜗杆传动。在通过蜗杆轴线并垂直于蜗轮轴线的中间平面上，蜗杆与蜗轮的啮合关系可以看作是直齿齿条和齿轮的啮合关系。

图 9-7　齿轮传动

图 9-8　蜗杆传动

（1）蜗杆的结构　由于蜗杆螺旋部分的直径不大，所以常和轴做成一个整体。这里陈列有两种结构形式的蜗杆，其中一种无退刀槽，加工螺旋部分时只能用铣制的办法；另一种则有退刀槽，螺旋部分可以车制也可以铣制，但这种结构的刚度较前一种差。当螺杆螺旋部分的直径较大时，也可以将蜗杆与轴分开制造。

（2）常用的蜗轮结构　这里陈列有齿圈式螺栓联接式、整体浇注式和拼铸式等典型结构，设计时可根据蜗杆尺寸选择。

（3）蜗杆传动的设计　在设计蜗杆传动时，要进行受力分析。这里陈列的受力分析模型展示出齿面法向载荷分解为圆周力、径向力及轴向力的情况，各分力的大小由计算公式计算。

9. 滑动轴承

滑动轴承如图 9-9 所示。滑动摩擦轴承简称滑动轴承，按其承受载荷方向的不同，可分为推力滑动轴承和向心滑动轴承。

1）推力滑动轴承用来承受轴向载荷，它由轴承座与推力轴颈组成。这里展示的是推力滑动轴承的结构形式，依次为实心式、空心式、单环式和多环式。

2）向心滑动轴承用来承受径向载荷。在向心滑动轴承中，轴瓦是直接与轴颈接触的零件，是轴承的重要组成部分，常用的轴瓦可分为整体式和剖分式两种结构。为了把润滑油导入整个摩擦表面，轴瓦上须开设油孔或油槽，油槽的形式一般有纵向槽、环形槽及螺旋槽等。

3）根据滑动轴承的两个相对运动表面间油膜形成原理的不同，滑动轴承分为动压轴承和静压轴承。这里展示有向心动压滑动轴承的工作状况。由此可以看出，当轴颈转速达到一定值后，才有可能达到完全液体摩擦状态。

图 9-9　滑动轴承

4）静压轴承是依靠外界供给一定的压力油而形成承载油膜，使轴颈和轴承相对转动时处于完全液体摩擦状态。这里的模型展示了静压滑动轴承的基本原理。

10. 滚动轴承

滚动轴承如图 9-10 所示。滚动轴承是现代机器中广泛应用的部件之一，观察滚动轴承可知，它由内圈、外圈、滚动体和保持架四部分组成。滚动体是形成滚动摩擦的基本元件，它可以制成球状或不同的滚子形状，相应地有球轴承和滚子轴承之分。

1）滚动轴承的分类。滚动轴承按承受的外载荷不同可以概括地分为向心轴承、推力轴承和向心推力轴承三大类，在各个大类中，又可做成不同的结构、尺寸、精度等级，以便适应不同的技术要求。这里陈列出常用的十大类轴承，它们分别为深沟球轴承、调心球轴承、圆柱滚子轴承、调心滚子轴承、滚针轴承、螺旋滚子轴承、角接触球轴承、圆锥滚子轴承、推力球轴承和推力调心滚子轴承。

2）为便于组织生产和选用，国家标准 GB/T 272—2017《滚动轴承　代号方法》规定了轴承代号的表示方法。通过熟悉基本代号的含义，可以识别常用轴承的主要特点。

3）滚动轴承工作时，轴承元件上的载荷和应力是变化的。连续运转的轴承有可能发生疲劳点蚀，因此需要按疲劳寿命选择滚动轴承的尺寸。

11. 滚动轴承装置设计

滚动轴承装置设计如图 9-11 所示，要保证轴承顺利工作，必须解决轴承的安装、紧固、调整、润滑、密封等问题，即进行轴承装置的结构设计或轴承组合设计。

图 9-10　滚动轴承　　　　　　　　　图 9-11　滚动轴承装置设计

常用的轴承部件结构模型介绍如下：

第 1 种为直齿轮轴承部件，它采用深沟球轴承，两轴承内圈一侧用轴肩定位，外圈靠轴承盖做轴向紧固，属于两端固定的支承结构。右端轴承外圈与轴承盖间留有间隙。采用 U 形橡胶油封密封。

第 2 种也是直齿轮轴承部件，它采用深沟球轴承和嵌入式轴承盖，轴向间隙通过右端轴承外圈与轴承盖间的调整环保证，采用密封槽密封。显然，这也是两端固定的支承结构。

第 3 种为人字齿轮轴承部件，采用外圈无挡边圆柱滚子轴承，靠轴承内、外圈做双向轴向固定。工作时轴可以自由地做双向轴向移动，以实现自动调节。这是一种两端游动的支承结构。

第 4 种为斜齿轮轴承部件，采用角接触轴承，两轴承内侧加挡油盘，进行内部密封。靠轴承盖与箱体间的调整片来保证轴承有合适的轴向间隙。采用 U 形橡胶油封密封。这也是两端固定的支承结构。

第 5 种和第 6 种都是斜齿轮轴承部件，请自行分析它们的结构特点。

第 7 种和第 8 种为锥齿轮轴承部件，都采用圆锥滚子轴承，一种正装，一种反装。套杯内外两垫片可分别用来调整轮齿的啮合位置及轴承的间隙，采用毡圈密封。正装方案安装调整方便，反装方案使支承刚度稍大，结构复杂，安装调整不便。

第 9 和第 10 种为蜗杆轴承部件。第 9 种采用圆锥滚子轴承，为两端固定方式。第 10 种为一端固定，一端游动的方式，固定端采用一对角接触球轴承，游动端采用一个深沟球轴承。这种结构可用于转速较高，轴承较大的场合。

在轴承组合设计中，轴承内、外圈的轴向紧固值得注意，这里展示了轴承内外圈紧固的常用方法。

为了提高轴承旋转精度和增加轴承装置刚性，轴承可以预紧，即在安装时用某种方法在轴承中产生并保持一轴向力，以消除轴承侧向间隙。

12. 联轴器

联轴器如图 9-12 所示。联轴器是用来联接两轴以传递运动和转矩的部件。本柜陈列有固定式刚性联轴器、可移式刚性联轴器和弹性联轴器等基本类型。

1）固定式刚性联轴器。这里展示的是凸缘联轴器和套筒联轴器，由于它们无可移性，无弹性元件，对所联接两轴间的偏移缺乏补偿能力，所以适合转速低、无冲击、轴的刚度大和对中性较好的场合。

2）无弹性元件挠性联轴器。这里展示的有滑块联轴器、十字轴式万向联轴器和齿式联轴器。这类联轴器因具有可移性，故可补偿两轴间的偏移。但因无弹性元件，故不能缓冲减振。

3）非金属弹性元件挠性联轴器，此种联轴器类型也很多，这里展示的有弹性套柱销联轴器、弹性柱销联轴器、轮胎联轴器、星形弹性联轴器和梅花形弹性联轴器。它们的共同特点是装有弹性元件，不仅可以补偿两轴间的偏移，而且具有缓冲减振的能力。

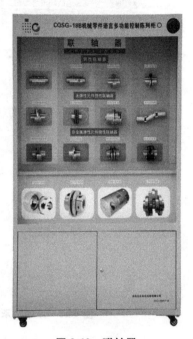

图 9-12 联轴器

上述各种联轴器已标准化或规格化，设计时只需要参考手册，根据机器的工作特点及要求，结合联轴器的性能选定合适的类型。

13. 离合器

离合器如图 9-13 所示。离合器也是用来联接轴与轴以传递运动和转矩的，但它能在机器运转中将传动系统随时分离或接合。本柜陈列有牙嵌离合器、摩擦离合器和特殊结构与功能的离合器等三大类型。

（1）牙嵌离合器　这里展示有应用较广的牙嵌离合器及内齿啮合式离合器。离合器由两个半离合器组成，其中一个固定在主动轴上，另一个用导键或花键与从动轴联接，并可用操纵机构使其做轴向移动，以实现离合器的分离与接合。这类离合器一般用于低速接合处。

（2）摩擦离合器　这里展示有单盘摩擦离合器、多盘摩擦离合器和锥形摩擦离合器，与牙嵌离合器相比，摩擦离合器不论在任何速度时都可离合，接合过程平稳，冲击振动较小，过载时将发生打滑，可防止损坏其他零件，但其外廓尺寸较大。

（3）特殊结构与功能的离合器　这里展示的有只能传递单向转矩的滚柱式定向离合器、过载自行分离的滚珠安全离合器以及控制速度的离心离合器。

14. 轴的分析与设计

轴的分析与设计如图 9-14 所示。轴是组成机器的主要零件，所有做回转运动的传动零件，都必须安装在轴上才能进行运动及动力传递。轴的种类很多，这里展示有常见的光轴、阶梯轴、空心轴、曲轴及钢丝软轴。直轴按承受载荷性质的不同，可分为心轴、转轴和传动轴。心轴只承受弯矩；转轴既承受弯矩又承受转矩；传动轴则主要承受转矩。

图 9-13　离合器

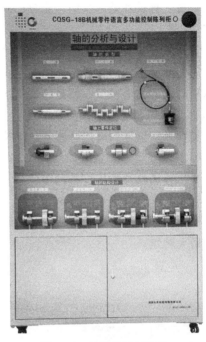

图 9-14　轴的分析与设计

1）设计轴的结构时，必须考虑轴上零件的定位。这里介绍常用的零件定位方法。左起第一个模型，轴上齿轮靠轴肩轴向定位，用套筒压紧；滚动轴承靠套筒定位，用圆螺母压紧；齿轮用键做周向固定。第二个模型，轴上零件用紧定螺钉固定，适用于轴向力不大之处。第三个模型，轴上零件利用弹簧挡圈定位，同样只适用于轴向力不大的情况。第四个模型，轴上零件利用圆锥形轴端定位，用螺母压板压紧，这种方法只适用于轴端零件固定。

2）轴的结构设计。轴的结构设计是指确定轴的合理外形和全部结构尺寸。这里以圆柱齿轮减速器中输出轴的结构设计为例，介绍轴的结构设计过程。

① 第一个模型表示设计的第一步。这一步要确定齿轮、箱体内壁、轴承、联轴器等相对位置，并根据轴所传递的转矩，按扭转强度初步计算出轴的直径，此轴径可作为安装联轴器处的最小直径。

② 第二个模型表示设计的第二步，设计内容为确定各轴段的直径和长度。设计时以最小直径为基础，逐步确定安装轴承、齿轮处轴段直径。各轴段长度根据轴上零件宽度及相互位置确定。经过这一步，阶梯轴初具形态。

③ 第三个模型表示设计的第三步，设计内容是解决轴上零件的固定，确定轴的全部结构形状和尺寸。

3）齿轮靠轴环的轴肩做轴向定位，用套筒压紧。齿轮用键周向定位。联轴器处设计出定位轴肩，采用轴端压板紧固，用键周向定位。各定位轴肩的高度根据结构需要确定，尤其要注意滚动轴承处的定位轴肩，其高度不应超过轴承内圈，以便于轴承拆卸。为减小轴在截面突变处的应力集中，应设计有过渡圆角。过渡圆角半径必须小于与之相配零件的倒角尺寸或圆角半径，以使零件得到可靠的定位。为便于安装轴端应设计倒角。轴上的两个键槽应设计在同一直线上，有利于加工。对于不同装配方案，可以得到不同轴的结构形式。最右边的模型就是另一种设计结果。请大家自己观察分析其结构特点。

15. 弹簧

弹簧如图 9-15 所示。弹簧是一种弹性元件，它具有多次重复地随外载荷的大小变化而做相应的弹性变形，卸载后又能恢复原状的特性。很多机械正是利用弹簧的这一特性来工作的，这里陈列的几个模型，便是弹簧应用的例子。

（1）圆柱螺旋弹簧　按照所承受的载荷不同，分为拉伸弹簧、压缩弹簧和扭转弹簧三种基本类型。这里陈列有这些弹簧的结构形式及典型的工作图。

（2）其他类型的弹簧　如用作仪表机构的平面蜗卷形盘簧、只能承受轴向载荷但刚度很大的碟形弹簧以及常用于各种车辆减振的板簧。

16. 减速器

减速器如图 9-16 所示。减速器是原动机与工作机之间独立的闭式传动装置，用来降低转速和增大转矩。

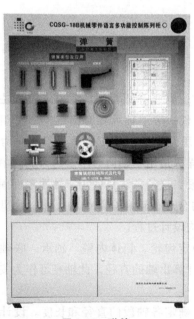

图 9-15　弹簧

图 9-16　减速器

（1）减速器的种类　这里陈列有一级圆柱齿轮减速器、二级展开式圆柱齿轮减速器、锥齿轮减速器、圆锥圆柱齿轮减速器、蜗杆减速器和蜗杆齿轮减速器的模型。无论哪种减速器都是由箱体、传动件和轴系零件以及附件所组成的。箱体用于承受和固定轴承部件，并提供润滑密封条件。箱体一般用铸铁铸造，它必须有足够的刚度。剖分面与齿轮轴线所在平面相重合的箱体应用最广。

（2）减速器附件　　由于减速器在制造、装配及应用过程中的特点，减速器上还设置一系列的附件。如用来检查箱内传动件啮合情况和注入润滑油用的窥视孔及窥视孔盖、用来检查箱内油面高度是否符合要求的油标、更换污油的油塞、平衡箱体内部气压的通气器、保证剖分式箱体轴承座孔加工精度用的定位销、便于拆卸箱盖的起盖螺钉、便于拆装和搬运箱盖用的铸造吊耳环、用于整台减速器的起重耳钩以及润滑用的油杯等。

17. 润滑与密封

润滑与密封如图 9-17 所示。在摩擦面间加入润滑剂进行润滑，有利于降低摩擦，减轻磨损，保护零件不遭锈蚀，而且在采用循环润滑时可起到散热降温的作用。

1）常用的润滑装置，如手工加油润滑用的压注杯、旋套式注油杯、手动式滴油杯、油芯式油杯等，它们适用于使用润滑油分散润滑的机器。此外，这里还陈列有直通式压注油杯和连续压注油杯。

2）机器的密封。机器设备密封性能的好坏是衡量设备质量的重要指标之一，机器常用的密封装置可分为接触式与非接触式两种。这里陈列的毡圈密封、皮碗密封、O 形橡胶圈密封就属于接触式密封形式。接触式密封的特点是结构简单、价廉，但磨损较快、寿命短，适合速度较低的场合。

3）非接触式密封适合速度较高的地方，这里陈列的油沟密封槽和迷宫密封槽就属于非接触式密封方式。

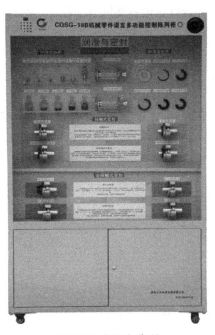

图 9-17　润滑与密封

4）密封装置中的密封件都已标准化或规格化，这里陈列有部分密封件实物，设计时应查阅有关标准选用。

18. 小型机械结构设计

小型机械结构设计如图 9-18 所示。本柜展示了一些外形美观、使用简单、日常生活中常见的机械产品实例。为了便于了解这些机械的内部结构，机械的外壳已被切割开或被拆了下来。

这些小型机械都是由动力装置、传动装置、工作器件和托架机座等部分组成的。它们构成了一个能完成某种和多种特定功能的装置，设计巧妙、制造精细、使用方便，在人们的日常生活中和工作中发挥了巨大作用，极大地减轻了人们的劳动强度并提高了工作效率。

这些机械的动力装置绝大部分采用小型电动机带动，但像家用压面机也可采用手动。而传动装置则根据工作器件的特点采用不同的方式。例如，木工电刨和粉碎机采用带传动方式；电动剪刀和角磨机采用蜗杆传动方式；榨汁机、家用压面机和手电钻采用齿轮传动方式。对于高速转动的场合，如雕刻机和手电钻，还应用轴承进行支承。同时，通过对各种机械内部结构的仔细观察，还可以了解到轴的类型及零件在轴上的定位方法。

四、实验步骤

1）按照机械零件陈列柜所展示的零部件顺序，由浅入深、由简单到复杂进行参观认知，由指导教师做简要讲解。

2）在听取指导教师讲解的基础上，分组仔细观察并进行讨论各种机械零部件的结构、类型、特点及应用范围。

五、思考题

1）简述螺纹联接类别及应用场合。

2）简述键和花键的联接方式及应用场合。

3）简述 V 带、同步带、链传动以及齿轮传动的优缺点及应用场合。

4）简述联轴器与离合器的区别。

5）简述滑动轴承与滚动轴承的优缺点及应用场合。

图 9-18　小型机械结构设计

通用机械零件认识实验报告

实验日期：＿＿＿＿＿＿年＿＿＿月＿＿＿日

班级：＿＿＿＿＿＿姓名：＿＿＿＿＿＿指导教师：＿＿＿＿＿＿成绩：＿＿＿＿＿

一、任选一种零部件绘制其结构简图

二、思考题

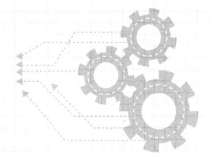

实验十

螺栓联接综合实验

螺栓联接广泛应用于各类机械设备中。螺栓的强度取决于螺栓的受力情况。如何计算和测量螺栓受力情况及静、动态特性参数，是工程技术人员的一个重要课题。

一、实验目的

1. 了解螺栓联接在拧紧过程中各部分的受力情况。
2. 计算螺栓相对刚度，并绘制螺栓联接的受力变形图。
3. 验证受轴向工作载荷时，预紧螺栓联接的变形规律，以及对螺栓总拉力的影响。
4. 通过螺栓的动载实验，改变螺栓联接的相对刚度，观察螺栓应力幅值的变化，以验证提高螺栓联接强度的各项措施。

二、实验设备及仪器

1. LZS 螺栓联接综合实验台

螺栓联接综合实验台的结构与工作原理如图 10-1 所示。

1）联接部分由 M16 空心螺栓、大螺母、垫片组组成。空心螺栓贴有测拉力和扭矩的两组应变片，分别测量螺栓在拧紧时所受预紧力和扭矩。空心螺栓的内孔中装有 M8 螺栓，拧紧或松开其上的手柄杆，即可改变空心螺栓的实际受载截面积，以达到改变联接件刚度的目的。垫片组由刚性和弹性两种垫片组成。

2）被联接件部分由上板、下板和八角环组成。八角环上贴有应变片，测量被联接件受力的大小，中部有锥形孔，插入或拔出锥塞即可改变八角环的受力，以改变被连接件系统的刚度。

3）加载部分由蜗杆、蜗轮、挺杆和弹簧组成。挺杆上贴有应变片，用以测量所加工作载荷的大小，蜗杆一端与电动机相连，另一端装有手轮，起动电动机或转动手轮使挺杆上升或下降，以达到加载、卸载的目的。

2. LSD-A 型静动态测量仪

LSD-A 型静动态测量仪的工作原理及各测点应变片的组桥方式如图 10-2 所示。各被测件的应变量用 LSD-A 型静动态测量仪测量，通过标定或计算即可换算出各部分的大小。

LSD-A 型静动态测量仪是利用金属材料的特性，将非电量的变化转换成电量变化的测量仪，应变测量的转换元件应变片是用极细的金属电阻丝绕成或用金属箔片印刷腐蚀而成，用粘结剂将应变片牢固地粘贴在被测件上，当被测件受到外力作用长度发生变化时，粘贴在被测件上的应变片也相应变化，应变片的电阻值也随之发生了 ΔR 的变化，这样就把机械量转换成电量（电阻值）的变化。用灵敏的电阻测量仪电桥测出电阻值的变化 $\Delta R/R$，就可换

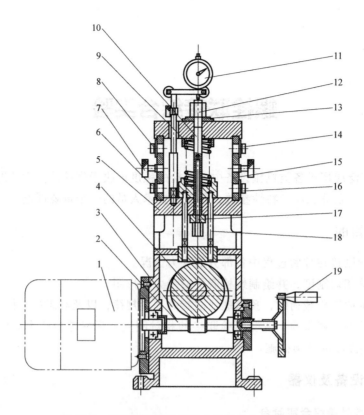

图 10-1 螺栓联接综合实验台的结构与工作原理

1—电动机 2—蜗杆 3—凸轮 4—蜗轮 5—下板 6—扭力插座 7—锥塞 8—拉力插座 9—弹簧
10—空心螺栓 11—千分表 12—螺母 13—刚性垫片（弹性垫片） 14—八角环压力插座
15—八角环 16—挺杆压力插座 17—M8 螺栓 18—挺杆 19—手轮

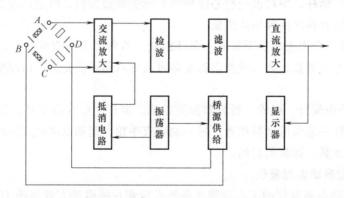

图 10-2 LSD-A 型静动态测量仪的工作原理及各测点应变片的组桥方式

算出相应的应变 ε，并可直接在测量仪上读出应变值。通过 A-D 板该仪器可向计算机发送被测点应变值，供计算机处理。

LZS 螺栓联接综合实验台各测点均采用箔式电阻应变片，其阻值为 120Ω，灵敏系数 $k=2.20$，各测点均为两片应变片，按测量要求粘贴组成如图 10-2 所示半桥（即测量桥的两桥臂），图 10-2 中 A、B、C 三点分别应为连接线中的三色细导线，其黄色线（即 B 点）为两应变片的公共点。

3. 计算机专用软件及其他配套器具

1）实验用计算机需配有 RS232 串行接口。

2）实验台专用软件。该软件可进行螺栓静态联接实验和动态联接实验的数据结果处理、整理，并打印出所需的实测曲线图和理论曲线图，待实验结束后进行分析。

3）专用扭力扳手（0~200N·m）一把，量程为 0~1mm 的千分表两个。

三、实验方法及步骤

1. 实验台及仪器预调与连接

（1）实验台　取出八角环上两锥塞，松开空心螺栓上的 M8 螺栓，装上刚性垫片，转动手轮，使挺杆下降，处于卸载位置。将两块千分表分别安装在表架上，使表头分别与上板面（靠外侧）和螺栓顶面接触，用以测量联接件（螺栓）与被联接件的变形量。用手拧动大螺母至恰好与垫片接触，大螺母不应有松动的感觉，然后分别将两块千分表调零。

（2）测量仪　用配套的 4 根输出线的插头将各点的插座连接好，各测点的布置为：电动机侧八角环的上方为螺栓拉力，下方为螺栓扭力。手轮侧八角环的上方为八角环压力，下方为挺杆压力。然后再将各测点输出线分别接于测量仪背面 1、2、3、4 各通道的 A、B、C 端子上，注意黄色线接 B 端子（中点）。

（3）计算机　用配套的串口数据线连接仪器背面的 9 芯插座，另一头连接计算机上的 RS232 串口。启动计算机，按软件使用说明书要求的步骤操作进入实验台静态螺栓实验界面后，单击"空载调零"按钮，对"应变测量值"输入框中数据清零，如串口数据线连接无误，则该输入框中会有数据显示并跳动。

（4）调节静动态测量仪　将测量仪上的选择开关分别切换至各对应点，调节对应的"电阻平衡"电位器，使测量仪显示为"0"，进行测点的电阻平衡。

2. 实验方法与步骤

（1）螺栓联接静态实验

1）用扭力扳手预紧被测试螺栓，当扳手力矩为 30~40N·m 时，取下扳手，完成螺栓预紧。

2）进入静态螺栓实验界面，将千分表测量的螺栓拉变形和八角环压变形值输入到相应的"千分表值"输入框中。

3）单击"预紧测试"键，对预紧的数据进行采集和处理。

4）用手将实验台上的手轮逆时针（面对手轮）旋转，使挺杆上升至一定高度，对螺栓轴向加载，加载高度≤16mm。高度值可通过塞入 ϕ16mm 的测量棒确定，然后将千分表测到的变形值再次输入到相应的"千分表值"输入框中。

5）单击"加载测试"按钮，对轴向加载的数据进行采集和处理。

6）单击"实测曲线"按钮，绘制出螺栓联接的受力和变形的实测综合变形图。

7）单击"理论曲线"按钮，绘制出螺栓联接的受力和变形的理论曲线图。

8）单击"打印"按钮，打印实测曲线图和理论曲线图。

9）完成上述操作后，静态螺栓连接实验结束，单击"返回"按钮，可返回主界面。

（2）螺栓连接动态实验

1）螺栓连接的静态实验结束后返回主界面，单击"动态螺栓"按钮进入动态螺栓实验界面。

2）重复静态实验方法与步骤中的第3）、第4）步。

3）取下实验台右侧手轮，开启实验台电动机开关，单击"动态测试"按钮，使电动机运转30s左右，进行动态加载工况的采集和处理。

4）单击"测试曲线"按钮，绘制出工作载荷变化时螺栓拉力和八角环压力变化实际曲线图。

5）单击"理论曲线"按钮，绘制出工作载荷变化时螺栓拉力和八角环压力及工作载荷变化的理论曲线图。

6）单击"打印"按钮，打印出实测曲线图和理论曲线图。

7）完成上述操作后，动态螺栓联接实验结束。

四、实验项目

LZS螺栓联接综合实验台可进行下列实验项目，每个实验项目都需对实验台进行调整和标定相应系数的输入工作。

1. 螺栓联接静动态实验

1）实验台要求：取出八角环上两锥塞，松开空心螺栓上的M8螺杆，装上刚性垫片。

2）标定系数：使用空心螺栓中的空心螺栓项给定的数据。

2. 增加螺栓刚度的静动态实验

1）实验台要求：取出八角环上两锥塞，拧紧空心螺栓上的M8螺杆，装上刚性垫片。

2）标出系数：使用实心螺栓中的实心螺栓项给定的数据。

3. 增加被联接件刚度的静动态实验

1）实验台要求：插上八角环上两锥塞，松开空心螺栓上的M8螺杆，装上刚性垫片。

2）标定系数：使用锥塞中的锥塞项给定的数据。

4. 改用弹性垫片的静动态实验

1）实验台要求：取出八角环上两锥塞，松开空心螺栓上的M8螺杆，装上弹性垫片。

2）标定系数：使用弹性垫片中的弹性垫片项给定的数据。

五、实验操作注意事项

1. 电动机的接线必须正确，电动机的旋转方向为逆时针（面向手轮正面）。

2. 进行动态实验，开启电动机电源开关时必须注意把手轮卸下来，避免电动机转动时发生安全事故，并可减少实验台的振动和噪声。

六、思考题

1. 简述怎样改变螺栓的刚度及被联接件的刚度。

2. 怎样对实验螺栓施加静载荷？

3. 怎样对实验螺栓施加动载荷？

螺栓联接综合实验报告

实验日期：_____年____月____日

班级：_____姓名：_____指导教师：_____成绩：_____

一、绘制螺栓联接静态综合性能曲线

力

变形

二、思考题

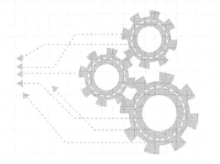

实验十一

带传动实验

带传动是靠摩擦力作用而工作的，其主要失效形式是带的磨损、疲劳损坏和打滑。弹性滑动是带传动主、从动轮产生速度差的主要原因，是带传动效率降低以及带磨损的主要原因，也是带传动的主要特点。

一、实验目的

1）能够使用带传动实验台验证观察实验过程中的打滑和弹性滑动现象。

2）能够绘制滑动曲线和效率曲线。

3）能够调整初拉力 F_0，观察实验过程，并说明影响情况。

二、实验设备

PC-C 型带传动实验台主要结构如图 11-1 所示。

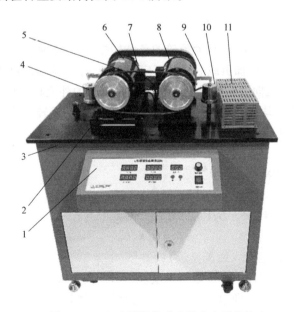

图 11-1　PC-C 型带传动实验台主要结构

1—操纵面板　2—电动机移动底板　3—机座　4—砝码及砝码架　5—试验带　6—直流伺服电动机
7—光电测速装置　8—发电机　9—转矩力测杆　10—力传感器　11—负载灯泡组

1）试验带 5 装在主动带轮和从动带轮上。主动带轮装在直流伺服电动机 6 的主轴前端，该电动机为特制的两端外壳由滚动轴承支承的直流伺服电动机，滚动轴承座固定在电动机移动底板 2 上，整个电动机可相对两端滚动轴承座转动，电动机移动底板 2 能相对机座 3 在水平方向滑移。从动带轮装在发电机 8 的主轴前端，该发电机为特制的两端外壳由滚动轴承支承的直流伺服发电机，滚动轴承座固定在机座 3 上，整个发电机也可相对两端滚动轴承座转动。

2）砝码及砝码架 4 通过尼龙绳与电动机移动底板 2 相连，用于张紧试验带 5，增加或减少砝码，即可增大或减少试验带的初拉力。

3）发电机 8 连接的负载通常为并联的 8 个 40W 灯泡（即负载灯泡组 11），组成实验台加载系统，该加载系统可通过计算机软件主界面上的加载按钮控制，也可用实验台面板上卸载按钮 6、加载按钮 7（见图 11-2）进行手动控制并显示。

4）带传动实验台面板布置如图 11-2 所示。

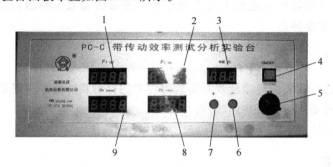

图 11-2　带传动实验台面板布置

1—电动机转速显示　2—发电机转速显示　3—加载显示　4—电源开关
5—电动机转速调节旋钮　6—卸载按钮　7—加载按钮　8—发电机转矩力显示　9—电动机转矩力显示

5）主动带轮的驱动转矩 T_1 和从动带轮的负载转矩 T_2 均是通过电机外壳的反力矩来测定的。当电动机起动和发电机加负载后，由于定子与转子间磁场的相互作用，电动机的外壳（定子）将向转子回转的反向（逆时针）翻转，而发电机的外壳将向转子回转的同向（顺时针）翻转。两电机外壳上均固定有转矩力测杆，把电机外壳翻转时产生的转矩力传递给传感器。主、从动带轮转矩力可直接在面板上读取，并可传到计算机中进行计算分析。带传动实验分析界面直接显示主、从动带轮上的转矩值。

主动带轮上的转矩（N·m）为

$$T_1 = Q_1 K_1 L_1$$

从动带轮上的转矩（N·m）为

$$T_2 = Q_2 K_2 L_2$$

式中　Q_1、Q_2——电机转矩力（面板显示）；

　　　K_1、K_2——转矩力测杆刚度系数（本实验台 $K_1 = K_2 = 0.24$N/格）；

　　　L_1、L_2——力臂长度，即电机转子中心至力传感器轴心的距离（本实验台 $L_1 = L_2 = 120$mm）。

6）两电机的主轴后端均装有光电测速转盘，转盘上有一小孔，转盘一侧固定有光电传感器，传感器测头正对转盘小孔，主轴转动时，可在实验台面板数码管窗口上直接读出主轴转速（即带轮转速），并可传到计算机中进行计算分析。

7）弹性滑动率 ε。主、从动带轮转速 n_1、n_2 可从实验台面板窗口或带传动实验分析界面窗口上直接读出。由于带传动存在弹性滑动，使 $v_2 < v_1$，其速度降低程度用滑动率 ε 表

示，即

$$\varepsilon = \frac{v_1 - v_2}{v_1} \times 100\% = \frac{d_1 n_1 - d_2 n_2}{d_1 n_1} \times 100\%$$

当 $d_1 = d_2$ 时

$$\varepsilon = \frac{n_1 - n_2}{n_1} \times 100\%$$

式中　d_1、d_2——主、从动带轮基准直径；

v_1、v_2——主、从动带轮的圆周速度；

n_1、n_2——主、从动带轮的转速。

8）带传动的效率 η 为

$$\eta = \frac{P_2}{P_1} = \frac{T_2 n_2}{T_1 n_1} \times 100\%$$

式中　P_1、P_2——主、从动带轮上的功率；

T_1、T_2——主、从动带轮上的转矩；

n_1、n_2——主、从动带轮的转速。

9）带传动的弹性滑动曲线和效率曲线。改变带传动的负载，其 T_1、T_2、n_1、n_2 也都在改变，这样就可算得一系列的 ε、η 值，以 P_2 为横坐标，分别以 ε、η 为纵坐标，可绘制出弹性滑动曲线和效率曲线，如图 11-3 所示。

如图 11-3 所示，横坐标上 A_0 点为临界点，A_0 点以左为弹性滑动区，即带传动的正常工作区段，在该区域内，随着载荷的增加，弹性滑动率 ε 和效率 η 逐渐增加；当载荷继续增加到超过临界点 A_0 时，弹性滑动率 ε 急剧上升，效率 η 急剧下降，带传动进入打滑区段，不能正常工作，应当避免。

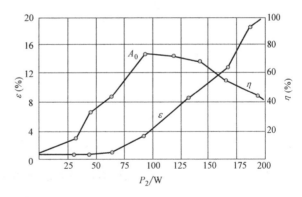

图 11-3　带传动弹性滑动曲线和效率曲线

10）技术参数。

① 直流伺服电动机：功率 355W，调速范围 50～1500r/min，精度±1r/min。

② 预紧力最大值：3.5kg（约 34.3N）。

③ 转矩力测杆力臂长：$L_1 = L_2 = 120$mm（L_1、L_2 为两电机转子中心至力传感器轴心的距离）。

④ 转矩力测杆刚度系数：$K_1 = K_2 = 0.24$N/格。

⑤ 带轮直径：平带轮与圆带轮 $d_1 = d_2 = 120$mm，V 带轮 $d_1 = 120$mm、$d_2 = 120$mm。

⑥ 压力传感器：精度 1%，量程 0～50N。

⑦ 直流发电机：功率 355W，加载范围 0～320W（40W×8）。

三、软件界面操作说明

1. 带传动实验说明界面按钮说明（见图 11-4）

图 11-4　带传动实验说明界面按钮

"实验"：单击此按钮，进入带传动实验分析界面。

"音乐"：单击此按钮，音乐关闭，同时"音乐"按钮变为"打开音乐"按钮；反之，单击"打开音乐"按钮，音乐打开，"打开音乐"按钮变为"音乐"按钮。

"图片"：单击此按钮，弹出带传动实验说明框。

"返回"：单击此按钮，返回带传动实验台软件主界面。

"退出系统"：单击此按钮，结束程序的运行，返回 Windows 桌面。

2. 带传动实验分析界面（见图 11-5）

该界面设有带传动弹性滑动和打滑现象动画模拟、带传动滑动曲线和效率曲线的测试绘制两个主要区域及多个按钮。具体说明如下：

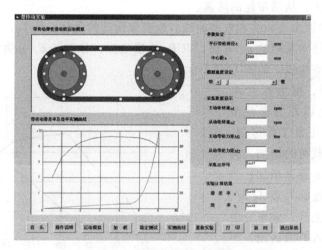

图 11-5　带传动实验分析界面

"运动模拟"：单击此按钮，可以清楚地观察带传动的运动和弹性滑动及打滑现象。

"加载"：单击此按钮可加载负荷，每单击一次可增加 40W 负荷功率。

"稳定测试"：单击此按钮，稳定记录实时显示的带传动的实测数据。

"实测曲线"：单击此按钮，显示带传动滑动曲线和效率曲线。

"音乐"：单击此按钮，音乐关闭，同时"音乐"按钮变为"打开音乐"按钮；反之，单击"打开音乐"，音乐打开，"打开音乐"按钮变为"音乐"按钮。

"操作说明"：单击此按钮，弹出带传动实验说明框。

"重做实验"：单击此按钮，重新加载、测试。

"打印"：单击此按钮，弹出"打印"对话框，可将带传动滑动曲线和效率曲线打印出来或保存为文件。

"返回"：单击此按钮，返回带传动实验说明界面。

"退出系统"：单击此按钮，结束程序的运行，返回 Windows 桌面。

四、实验内容

1）带传动滑动曲线和效率曲线的自动测量绘制，重点了解带传动的弹性滑动和打滑对传动效率的影响。

2）带传动运动模拟。该实验装置配套的计算机软件，在输入实测主、从动带轮的转速后，可清楚观察带传动的弹性滑动和打滑现象。

3）通过实际测量的参数，绘制滑动曲线和效率曲线。

五、实验步骤

1）打开计算机，双击"带传动"图标，进入带传动的主界面。单击主界面，进入带传动实验说明界面，再单击"实验"按钮，进入带传动实验分析界面。

2）在实验台带轮上安装试验平带；接通实验台电源，电源指示灯亮；调整测力杆，使其处于平衡状态；加砝码 3kg，使带具有预紧力。

3）按顺时针方向慢慢地旋转电动机转速调节旋钮，使电动机逐渐加速到 $n_1 = 1000r/min$ 左右，待带传动运动平稳后（需数分钟），记录带轮转速 n_1、n_2 和电动机转矩力 Q_1、Q_2。

4）在带传动实验分析界面下方单击"运动模拟"按钮；再单击"加载"按钮，每间隔 5～10s，逐个打开灯泡（即加载），单击"稳定测试"按钮，逐组记录数据 n_1、n_2 及 Q_1、Q_2，注意 n_1 与 n_2 间的差值，分别在实验台及实验分析界面的运动模拟窗口观察带传动的弹性滑动现象。

5）再单击"加载"按钮，继续增加负载，直到 $\varepsilon \geqslant 3\%$，带传动进入打滑区，若再继续增加负载，$n_1$ 与 n_2 之差迅速增大，带传动出现明显打滑现象。同时，分别在实验台及实验分析界面的运动模拟窗口观察带传动的打滑现象。

6）如果实验效果不理想，可单击"重做实验"按钮，即可从步骤 3）开始重做实验。

7）单击"实测曲线"按钮，显示绘制的带传动滑动曲线和效率曲线。如果需要可单击"打印"按钮，打印机即可自动打印带传动弹性滑动曲线和效率曲线。

8）按"卸载"按钮，关闭全部灯泡，将砝码减到 2kg，再重复步骤 2）～步骤 6）。

9）按"卸载"按钮，关闭全部灯泡，关闭实验台电源，拆下平带及平带轮，分别装上 V 带轮、V 带或圆带轮、圆带，加砝码 3kg，重复步骤 2）～步骤 6）。

10）关闭实验台电源，取下砝码；在实验分析界面上单击"退出系统"按钮，返回 Windows 桌面。

11）整理实验数据，如果未自动打印实验曲线，则需要手工绘制带传动弹性滑动曲线和效率曲线。

六、实验操作注意事项

1）实验前应反复推动电动机移动底板，使其运动灵活。

2）带及带轮应保持清洁，不得粘油。如果不清洁，可用汽油或酒精清洗，再用干抹布擦干。

3）在打开实验台电源开关之前，必须做到：

① 将面板上转速调节旋钮逆时针旋到止位，以避免电动机突然高速运动产生冲击损坏传感器。

② 应在砝码架上加上一定的砝码，使带张紧。

③ 应卸去发电机所有的负载。

4）采集数据时，一定要等转速窗口数据稳定后进行，两次采集间隔 5~10s。

5）当带加载至打滑时，运转时间不能过长，以防带过度磨损。

6）若出现平带飞出的情况，可将带调头后装上带轮，再进行实验。若带调头后仍出现飞出情况，则需将电机支座固定螺钉拧松，将两电机的轴线调整平行后拧紧螺钉，再装带实验。

7）实验台工作条件：

① 电源：电压 220V，频率 50Hz 交流电。

② 环境温度：0~40℃。

③ 相对湿度：≤80%。

④ 其他：工作场所无强烈电磁干扰和腐蚀气体。

七、思考题

1. 提高带传动的传动能力有哪些措施？

2. 讨论增大和减小初拉力的利弊。

3. 带传动的弹性滑动和打滑有何不同？产生的原因是什么？各有何后果？

4. 在不同预紧力作用下，带的弹性滑动曲线及效率曲线有何不同？

带传动实验报告

实验日期：_____年____月____日

班级：_____姓名：_____指导教师：_____成绩：_____

一、实验记录

初拉力	加载次数	n_1	n_2	T_1	T_2	ε	η
2kg	1						
	2						
	3						
	4						
	5						
	6						
	7						
	8						
3kg	1						
	2						
	3						
	4						
	5						
	6						
	7						
	8						

二、绘制效率、滑动率曲线

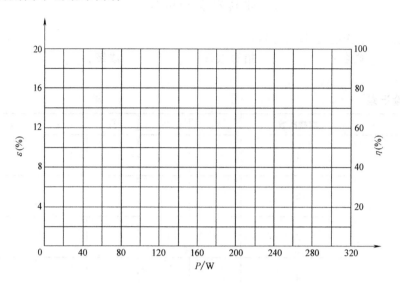

初拉力为 2kg 时的测量曲线

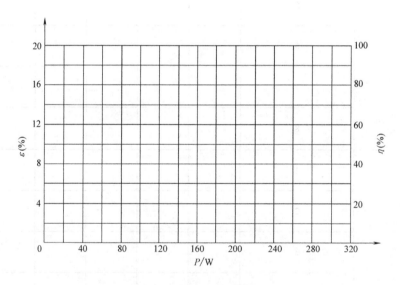

初拉力为 3kg 时的测量曲线

三、思考题

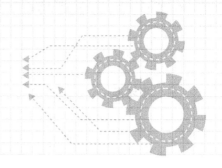

实验十二

轴组结构实验

轴是组成机器的主要零件之一，轴的结构设计与零件的安装、定位以及轴的制造工艺等因素有关。轴的结构不合理，会影响轴的工作能力和轴上零件的工作可靠性，还会增加轴的制造成本以及使轴上零件装拆困难等。

一、实验目的

1）能够说明轴承的类型、布置、安装及调整方法，以及润滑和密封方式。

2）能够解释轴、轴上零件的结构形状及功用、工艺要求和装配关系。

3）能够解释轴及轴上零件的定位与固定方法。

4）能够利用实验工具箱，开展轴系组合实验，能够进行轴的结构设计与滚动轴承组合设计。

二、实验设备

1）测量及绘图工具。300mm 钢直尺、游标卡尺、内外卡钳、铅笔、三角板等。

2）组合式轴系结构设计分析实验箱。实验箱能提供进行减速器圆柱齿轮轴系、小锥齿轮轴系及蜗杆轴系结构设计实验的全套零件。CQX-B 实验箱零件材料大多为铝合金，质量优良。其中挡油环、甩油环、调整环、套筒、联轴器、圆螺母、圆螺母止动圈等均为标准件。

① 基本配置包括：齿轮轴、蜗杆等轴类零件，齿轮等轴上零件，滚动轴承类，轴套类，密封类，端盖类，连接类，支座类零件等 56 种 168 件。表 12-1 列出其中代表性零件 22 种。

② 主要技术参数：尺寸为 580mm×360mm×150mm；质量为 20kg。

表 12-1　CQX-B 创意组合式铝轴系结构设计箱代表性零件

序号	零件名称	图片	序号	零件名称	图片
1	直齿轮轴用支座		3	锥齿轮轴用支座	
2	蜗杆轴用支座		4	锥齿轮轴用套环	

（续）

序号	零件名称	图片	序号	零件名称	图片
5	蜗杆用套环		15	嵌入式透盖	
6	大齿轮		16	嵌入式闷盖	
7	斜齿轮		17	联轴器	
8	锥齿轮		18	无骨架油封压盖	
9	直齿轮用轴		19	圆螺母 M30×1.5	
10	固游式蜗杆		20	圆螺母止动垫圈 φ30	
11	锥齿轮用轴		21	骨架油封	
12	凸缘式透盖		22	轴用弹性卡环 φ30	
13	凸缘式闷盖				
14	轴套				

三、实验原理

轴系主要包括轴、轴承及其他轴上零件,它是机器的重要组成部分。轴的主要作用是支承旋转零件和传递转矩。下面以一典型轴系结构为例介绍,其结构示意图如图 12-1 所示。

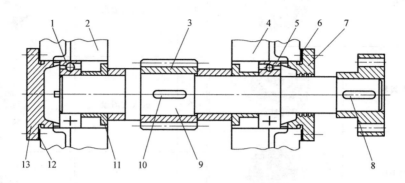

图 12-1 轴系结构示意图

1、5—轴承   2、4—轴承座   3—齿轮(轴上传动件)   6、12—调整垫片

7、13—轴承端盖   8—平键 A   9—轴   10—平键 B   11—阶梯套筒

轴各部分的名称、位置、尺寸要求:轴颈是轴上与轴承配合的部分,轴头是轴上装轮毂的部分,轴身是连接轴头和轴颈的部分;轴颈直径应符合轴承的内径要求,轴头直径与相配合零件的轮毂内径应一致,并符合轴的标准直径系列。为便于装配,轴颈与轴头的端部均应有倒角。用作零件轴向固定的台阶部分称为轴肩,环形部分称为轴环。轴上螺纹或花键部分的直径应符合螺纹或花键的标准。

四、实验内容和要求

1)指导教师根据表 12-2 选择性安排每组的实验内容(实验题号)。

表 12-2 实验内容与要求

实验题号	已知条件				
	齿轮类型	载荷	转速	其他条件	示意图
1	小直齿轮	轻	低	一体	
2		中	高	分开	
3	大直齿轮	中	低	分开	60 60 70
4		重	中	分开	
5	小斜齿轮	轻	中	一体	
6		中	高	分开	
7	大斜齿轮	中	中	分开	60 60 70
8		重	低	分开	

（续）

实验题号	已知条件				
	齿轮类型	载荷	转速	其他条件	示意图
9	小锥齿轮	轻	低	一体	70　82　30
10		中	高	分开	
11	蜗杆	轻	低	室温	100
12		重	中	高温	

2）进行轴的结构设计与滚动轴承组合设计。每组学生根据实验题号的要求，进行轴系结构设计，解决轴承类型选择，轴上零件定位固定，轴承安装与调节，润滑及密封等问题。

3）绘制轴系结构装配图。

4）每人编写实验报告一份。

五、实验步骤

1）明确实验内容，理解设计要求。

2）复习有关轴的结构设计与轴承组合设计的内容与方法（参看教材有关章节）。

3）构思轴系结构方案。

① 根据齿轮类型选择滚动轴承型号。

② 确定支承轴向固定方式（两端固定、一端固定一端游动）。

③ 根据齿轮圆周速度（高、中、低）确定轴承润滑方式（脂润滑、油润滑）。

④ 选择端盖形式（凸缘式、嵌入式）并考虑透盖处密封方式（毡圈、皮碗、油沟）。

⑤ 考虑轴上零件的定位与固定，轴承间隙调整等问题。

⑥ 绘制轴系结构方案示意图。

4）组装轴系部件。根据轴系结构方案，从实验箱中选取合适零件并组装成轴系部件，检查所设计组装的轴系结构是否正确。

5）测量零件结构尺寸（支座不用测量）及组装轴系结构的装配尺寸，并绘制轴系结构草图。

① 测绘轴的各段直径、长度及主要零件的尺寸（对于拆卸困难或无法测量的某些尺寸，根据实物相对大小和结构关系估算）。

② 查手册确定滚动轴承、螺纹联接件、键、密封件等有关标准件的尺寸。

6）测绘结束后，将所组装的轴系结构细心拆卸，有序地将零件放入实验箱内的规定位置并排列整齐，并将工具擦拭干净后放回实验箱规定位置。

7）根据结构草图及测量数据，在 A3 图纸上用 1:1 比例绘制轴系结构装配图，要求装配关系表示正确，注明必要尺寸（如支承跨距、齿轮直径与宽度、主要配合尺寸），对各零件进行编号，并填写标题栏和明细栏。

8）编写实验报告。

六、七种典型轴系结构

通过了解七种典型轴系结构（图 12-2~图 12-8），分析轴及轴上零件的形状及功用，轴承类型，安装、固定与调整方式，润滑及密封装置类型。

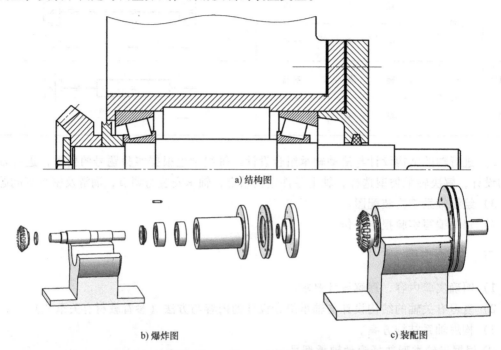

a) 结构图

b) 爆炸图　　　　　　　　　　　　　c) 装配图

图 12-2　锥齿轮轴-凸缘-两端固定-脂润滑轴系结构

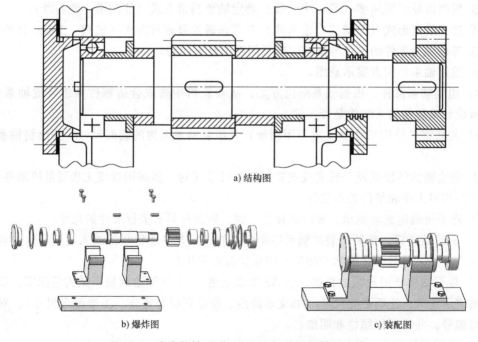

a) 结构图

b) 爆炸图　　　　　　　　　　　　　c) 装配图

图 12-3　直齿轮轴-凸缘-两端固定-油润滑轴系结构

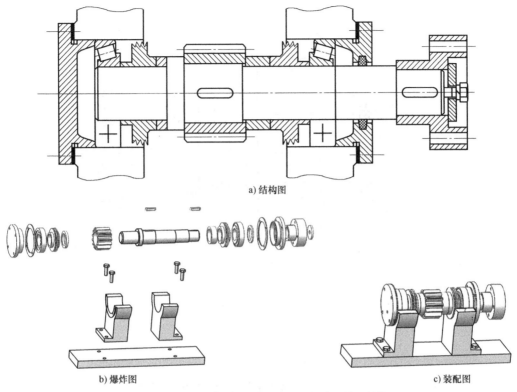

a) 结构图

b) 爆炸图

c) 装配图

图 12-4　直齿轮轴-凸缘-两端固定-脂润滑轴系结构

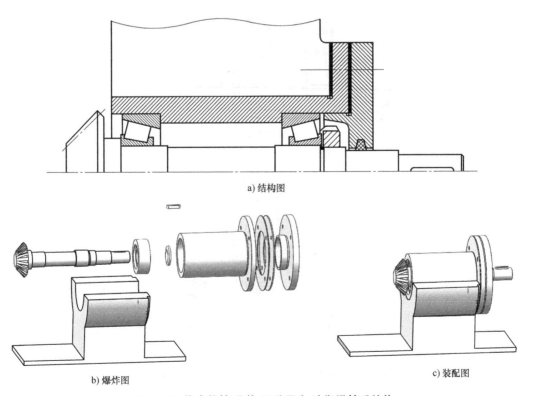

a) 结构图

b) 爆炸图

c) 装配图

图 12-5　锥齿轮轴-凸缘-两端固定-油润滑轴系结构

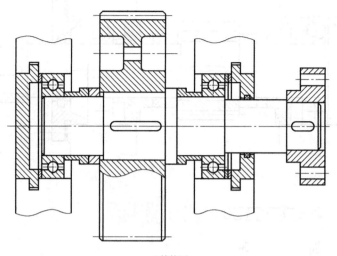

a) 结构图

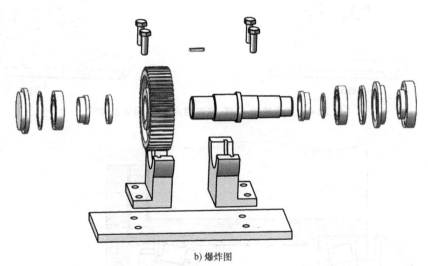

b) 爆炸图

c) 装配图

图 12-6　直齿轮轴-嵌入-两端固定-油润滑轴系结构

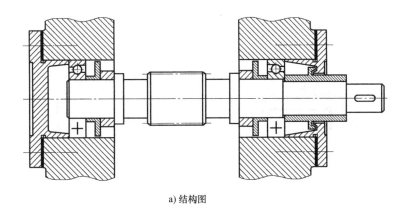

a) 结构图

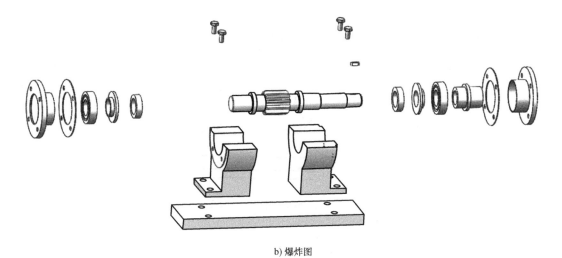

b) 爆炸图

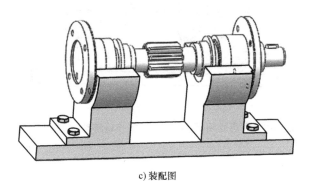

c) 装配图

图 12-7　直齿轮轴-凸缘-两端固定-脂润滑轴系结构

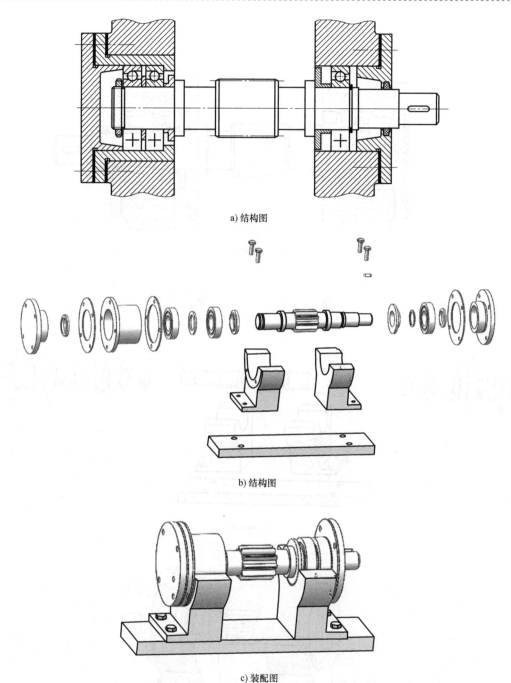

a) 结构图

b) 结构图

c) 装配图

图 12-8 直齿轮轴-凸缘-一端固定一端游动-脂润滑轴系结构

七、思考题

1）轴及轴上零件的轴向、周向定位与固定方法有哪些？

2）轴承的布置、安装及调整有哪些方法？

3）滚动轴承的润滑和密封方式有哪些？

4）轴上各键槽是否在同一条母线上？为什么？

轴组结构实验报告

实验日期： _____年____月___日

班级： _____ **姓名：** _____ **指导教师：** _____ **成绩：** _____

一、实验目的

二、实验内容

1. 实验题号：

2. 简述实验步骤 3）中①~⑤的选型原因：

三、实验结果

轴系结构装配图

四、思考题

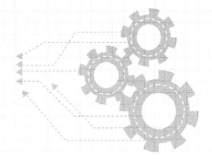

实验十三

减速器拆装实验

减速器部件由多种通用零件组成，通过对减速器拆装可以增强对机械零件的感性认识和理性认识，对掌握标准件的选用、齿轮箱的装配精度、零件之间的装配关系及拆装顺序具有重要的指导意义。

一、实验目的

1）能够说明减速器的功能和基本构造。

2）能够说明拆装工具和结构设计的关系。

3）能够对减速器模型进行拆装，并理解减速器铸造箱体内外的结构以及齿轮和轴系等的结构。进而说明轴上零件的定位和固定，齿轮和轴承的润滑、密封以及减速器附属零件的作用、构造和安装位置。

二、实验原理

除了部分旋转类机械，如鼓风机、水泵等直接由原动机驱动之外，绝大多数的机械工作部分的转速与原动机的转速不一样。因此，为了提高电动机的效率和协调原动机与工作机之间的转速，常在机械的原动机与工作机之间安装减速器，用以降低输入的转速并相应地增大输出的转矩。减速器是由封闭在箱体内的齿轮传动或蜗杆传动等所组成的独立部件，在一些场合也用来增速，称为增速装置。减速器在各类机械设备中都有广泛应用。作为机械类专业的学生有必要熟悉减速器的结构与设计。

减速器的分类如下：

1）按照传动类型不同，减速器可分为齿轮减速器、蜗杆减速器和行星齿轮减速器以及由以上形式互相组合而成的减速器。

2）按照齿轮的外形不同，减速器可分为圆柱齿轮减速器、锥齿轮减速器和它们组合起来的圆锥-圆柱齿轮减速器。

3）按照传动的级数不同，减速器可分为一级和多级减速器，按照传动的布置形式不同，可分为展开式、分流式和同轴式减速器，如图 13-1 所示。

齿轮减速器应用广泛，结构简单，精度容易保证。齿轮可加工成直齿、斜齿和人字齿。

三、一级、二级减速器简介

ZL-250 型减速器为标准二级斜齿轮减速器，输入轴端与输出轴端中心距为 252mm，结构如图 13-2 和图 13-3 所示。铸造机座与机盖用螺栓联接，外部可见窥视孔、通气器、油标、油塞、定位销等附件，内部可见齿轮和轴承等零部件。

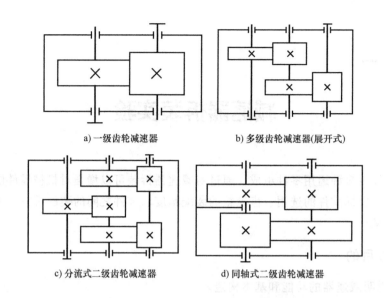

a) 一级齿轮减速器　　　　　b) 多级齿轮减速器(展开式)

c) 分流式二级齿轮减速器　　　　d) 同轴式二级齿轮减速器

图 13-1　一级减速器和多级减速器

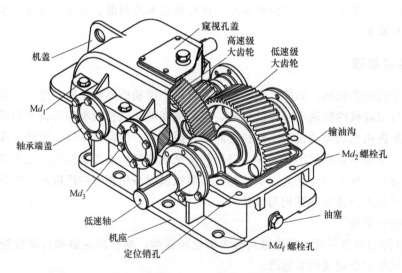

图 13-2　展开式二级斜齿轮减速器

　　齿轮减速器、蜗杆减速器的种类繁多，但其基本结构有很多相似之处。本实验是为了使学生了解减速器的一般结构设计、主要零件加工工艺而设立的。实验中应注意掌握减速器的结构及其主要零件的加工工艺。减速器的结构随其类型和要求不同而异，其基本结构由箱体、轴系部件和附件三部分组成。

1. 箱体

　　减速器的箱体用来支承和固定轴系零件，应保证传动件轴线相互位置的正确性，因而孔轴必须精确加工。箱体必须具有足够的强度和刚度，以免引起沿齿轮齿宽方向上的载荷分布不均匀。为了增强箱体的刚度，通常在箱体上制出筋板。

　　为了便于轴系零件的安装和拆卸，箱体通常制成剖分式。剖分面一般取在轴线所在的水

图 13-3　标准二级斜齿轮减速器爆炸图

平面内（即水平剖分），以便于加工。箱盖和箱座之间用螺栓连成整体，为了使轴承座旁的联接螺栓尽量靠近轴承座孔，并增加轴承座的刚性，应在轴承座旁制出凸台。设计螺栓位置时，应注意留出扳手空间。

箱体通常用铸铁（HT150 或 HT200）铸成，对于受冲击载荷的重型减速器，也可采用铸钢箱体。单件生产时，为了简化工艺、降低成本，可采用钢板焊接箱体。

2. 轴系部分

轴系部分包括传动件、轴和轴承组合。减速器外部传动件有链轮、带轮等，箱内传动件主要是齿轮。当高速级的小齿轮直径和轴的直径相差不大时，常将小齿轮与轴制成一体。大齿轮与轴分开制造，用普通平键做周向固定。轴上零件用轴肩、轴套、封油环与轴承端盖做轴向固定。两轴均采用合适的轴承做支承，承受径向载荷和轴向载荷的联合作用。轴承端盖与箱体座孔外端面之间垫有调整垫片组，以调整轴承游隙，保证轴承正常工作。

该减速器中的齿轮传动采用油池浸油润滑，大齿轮的齿轮浸入油池中，靠它把润滑油带到啮合处进行润滑。滚动轴承采用润滑脂润滑时，为了防止箱体内的润滑油进入轴承，应在轴承和齿轮之间设置封油环。轴伸出端的轴承端盖孔内常装有密封元件，若采用的是内包骨架旋转轴唇形密封圈，可防止箱内润滑油泄露以及外界灰尘、异物侵入箱体，具有良好的密封效果。

3. 减速器附件

（1）定位销　精加工轴承座孔之前，在箱盖和箱座的连接凸缘上配装定位销，以保证箱盖和箱座的装配精度，同时也保证轴承座孔的精度。两圆锥定位销应设在箱体纵向两侧连接凸缘上，且不宜对称分布，以加强定位效果。

（2）窥视孔盖　为了检查传动零件的啮合情况，并向箱体内加注润滑油，在箱盖的适当位置设置一观察孔，观察孔多为长方形，观察孔盖板同时用螺钉固定在箱盖上，由于要防止污物进入机体和润滑油飞溅出来，因此盖板下应加防渗漏的垫片，考虑到溅油量不大，故选用石棉橡胶纸材质的纸封油圈密封即可。

（3）通气器　通气器用来沟通箱体内、外的气流，使箱体内的气压不会因为减速器运转时的油温升高而增大，从而提高了箱体分箱面和轴伸出端缝隙处的密封性能。通气器多装在箱盖顶部或观察孔盖上，以便箱内的膨胀气体自由溢出。

（4）油面指示器　为了检查箱体内的油面高度，以便及时补充润滑油，应在油箱便于观察和油面稳定的部位，装设油面指示器。油面指示器分油标和油尺两类，本实验中采用的是油标。

（5）放油螺塞 在换油时，为了排放污油和洗涤剂，应在箱体底部、油池最低位置开设放油孔。平时放油孔用放油螺塞旋紧，放油螺塞和箱体结合面之间应加防漏垫圈。

（6）起箱螺钉 在装配减速器时，常常在箱盖和箱座的结合面处涂上密封胶，以增强密封效果，但却给开起箱盖带来困难。为此，在箱盖侧边的凸缘上开设螺纹孔，并旋入起箱螺钉。开起箱盖时，拧动起箱螺钉，迫使箱盖与箱座分离。

（7）起吊装置 为了便于搬运，需在箱体上设置起吊装置。常见的起吊装置有铸造的吊耳、吊钩、吊孔和吊环等。小型的也有螺纹加工联接的吊环。如图13-2所示箱盖上铸有两个吊耳，用于起吊箱盖。箱座上铸有两个吊环，用于吊运整台减速器。

一级减速器较二级减速器结构更加简单，制造成本低，是一种基础的机械传动装置，其基本结构由齿轮副、轴系零部件、密封件等组成，能够将高速旋转的输入轴转速通过齿轮的啮合转动传递给低速旋转的输出轴。一级减速器通常采用一级齿轮副，其工作原理是利用不同齿数齿轮的匹配进行传动比与转速调整，从而实现机械设备的输出转矩和扭力等参数调节。典型的一级圆柱齿轮减速器如图13-4~图13-6所示。

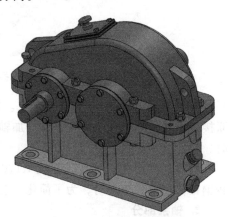

图13-4 一级圆柱齿轮减速器

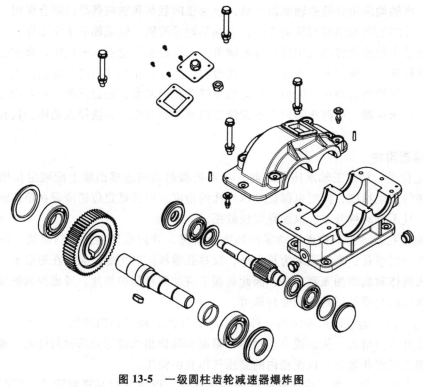

图13-5 一级圆柱齿轮减速器爆炸图

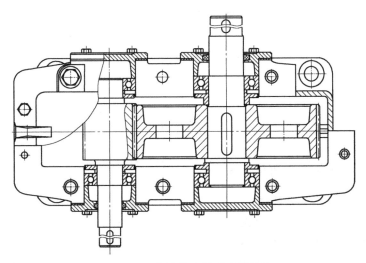

图 13-6　一级圆柱齿轮减速器结构

四、实验设备

1）一级圆柱齿轮减速器。

2）二级圆柱齿轮减速器。

3）一级蜗杆减速器。

五、拆装工具和测量工具

1）活扳手、梅花扳手、锤子。

2）内外卡钳、游标卡尺、钢直尺、直角尺。

六、实验内容和要求

1）了解铸造箱体的结构。

2）观察、了解减速器附件的用途、结构和安装位置。

3）测量减速器的中心距，中心高，箱座上、下凸缘的高度和厚度，筋板厚度，齿轮端面与箱体内壁的距离，大齿轮齿顶圆（蜗轮外圆）与箱内壁的距离，轴承端面至箱内壁的距离等。

4）观察、了解蜗杆减速器箱体内侧面（蜗轮轴向）宽度与蜗杆的轴承端盖外圆之间的关系。仔细观察蜗杆轴承的结构特点，了解该结构提高蜗杆轴刚度的原理。

5）了解轴承的润滑方式和密封装置，包括外密封的形式，轴承内侧挡油环、封油环的工作原理及其结构和安装位置。

6）了解轴承的组合结构以及轴承的拆、装、固定和轴向游隙的调整；测绘高速轴上轮齿工作齿面接触斑点的分布图；测绘传动示意图。

7）说明所选减速器的形式和级数，指出输入轴、输出轴。

8）课后回答思考题，完成实验报告。

七、实验步骤

1）观察外部构造，认识起吊装置、定位销、起盖螺钉、油标、油塞与通气器等的作用及位置。拆下螺栓、定位销，掀开箱盖（箱体结合面不得直接接触地面，以免损坏结合面）。

2）绘制机构运动简图。

3）测定减速器主要参数填入实验报告的表格中。

4）计算有关参数。

① 传动比：i_I = _____，i_{II} = _____。

② 法向模数 $m_n = \dfrac{h}{2.25}$ （取标准值），端面模数 $m_t = \dfrac{d_a - 2m_n}{z}$。

③ 螺旋角 $\beta = \arccos \dfrac{m_n}{m_t}$，可用式 $\beta = \arccos \dfrac{m_n(z_1 + z_2)}{2a}$ 核准 β 值。

5）测定减速器齿轮接触精度。

将轴承盖在不盖箱盖条件下装配到位，使轴承、齿轮、轴处于正确安装位置。在一对啮合齿轮中的主动轮齿轮的齿侧涂一薄层红丹油，一手轻握从动轴，另一手转动主动轴，使齿侧对滚，在从动轮上即印出接触斑点，如图 13-7 所示。操作过程中应注意齿轮转向，应使齿轮在受力后，轴不从轴承座中翘起。

齿宽接触百分比为

$$\frac{b'' - C}{b'} \times 100\%$$

齿高接触百分比为

$$\frac{h''}{h'} \times 100\%$$

式中，h' 为 $2m_n$；b' 为两轮中的小值，对应精度等级见相关设计手册。

6）测定齿侧间隙。

方法如步骤 5），在齿间插入铅丝，啮合后测两边挤压厚度和即为齿侧间隙 j_n，如图 13-8 所示。对应的齿厚偏差须按齿轮公差理论进行计算。

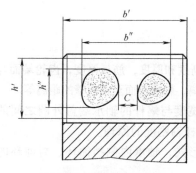

图 13-7　轮齿接触面积

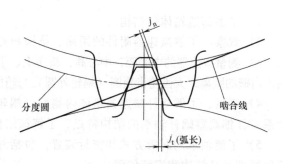

图 13-8　齿侧间隙测定

7）绘制箱盖或箱体草图（主、俯两视图或三视图）。

8）分析润滑方式和密封方式。

9）装配减速器。

八、工程常用减速器

减速器是工业领域中的核心部件之一，它可以将高速运动的电动机输出的动力减速转换，以适合工业生产中各种设备的需求。工程上常见 R、K、S、F 四种系列减速器。

1）R 系列斜齿轮减速器（见图 13-9 和图 13-10）具有体积小、重量轻、承载能力高、效率高、使用寿命长、安装方便、电动机功率范围广、传动比分级好等特点。其可以广泛应用于各种行业需要。

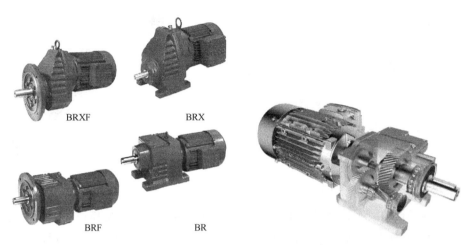

图 13-9　R 系列减速器外观　　　　图 13-10　R 系列减速器结构

2）K 系列锥齿轮减速器（见图 13-11 和图 13-12）在结构上相对复杂一些，虽然锥齿轮的特点是降噪、减振、重量轻、成本低等，有利于提高整体的承载能力、刀具寿命，但是因为锥齿轮配合的要求高，情况复杂，因此设计及制造的周期较长。有时需配合定制花键空心轴，有时在底脚需要有空心轴锁紧盘安装，有时需要特别设计法兰空心轴。

图 13-11　K 系列减速器外观　　　　图 13-12　K 系列减速器结构

3）S 系列斜齿轮蜗杆减速器（见图 13-13 和图 13-14）采用电动机直接连接的形式，结构为一级斜齿轮加上一级蜗杆传动。输出轴的安装有六种基本形式。可正反向运行，倾斜齿轮采用硬齿表面，运行平稳，承载能力大，工作环境温度通常为 -40～40℃，与同类产品相比，该产品具有变速范围大、结构紧凑、安装方便等特点。可广泛应用于冶金、矿山、起重、轻工、化工、运输、建筑等机械设备。

图 13-13　S 系列减速器外观　　　　　　　　图 13-14　S 系列减速器结构

4）F 系列平行轴减速器（见图 13-15 和图 13-16）采用单元结构模块化设计原理，大大降低了零件类型和库存，也大大缩短了交付周期。产品广泛应用于轻工业生产设备、食品生产设备、啤酒生产设备、饮料生产设备、化工机械、自动扶梯、自动存储设备、建筑机械、冶金机械、造纸机械、人造板机械、汽车制造设备、烟草机械、水利设备、印刷包装机械、制药设备、纺织机械、物流机械、饲料机械、环保机械等。

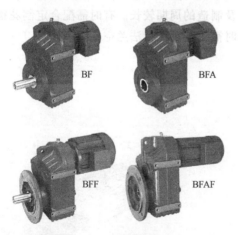

图 13-15　F 系列减速器外观　　　　　　　　图 13-16　F 系列减速器结构

九、思考题

1）如何保证箱体支承具有足够的刚度？

2）轴承座两侧的上下箱体联接螺栓应如何布置？

3）轴承座旁联接螺栓的凸台高度应如何确定？

4）如何减轻箱体的重量和减少箱体的加工面积？

5）各附件有何用途？安装位置有何要求？

减速器拆装实验报告

实验日期：_____年____月____日

班级：_____姓名：_____指导教师：_____成绩：_____

一、减速器型号

二、传动简图

三、记录和计算结果

参数		高速级	低速级
中心距 a		$a_{\text{I}} =$	$a_{\text{II}} =$
齿数 z		$z_1 =$　　　$z_2 =$	$z_3 =$　　　$z_4 =$
顶圆直径 d_{a}		$d_{\text{a1}} =$　　　$d_{\text{a2}} =$	$d_{\text{a3}} =$　　　$d_{\text{a4}} =$
齿全高 h		$h_{\text{I}} =$	$h_{\text{II}} =$
齿宽 b		$b_1 =$　　　$b_2 =$	$b_3 =$　　　$b_4 =$
旋向（齿向）		$\beta_1($　　$)$，$\beta_2($　　$)$	$\beta_3($　　$)$，$\beta_4($　　$)$
法向模数 m_{n}		$m_{\text{n I}} =$	$m_{\text{n II}} =$
端面模数 m_{t}		$m_{\text{t I}} =$	$m_{\text{t II}} =$
螺旋角 β		$\beta_{\text{I}} =$	$\beta_{\text{II}} =$
接触精度	齿宽向	％	％
	齿高向	％	％
齿侧间隙 j_{n}		$j_{\text{n1}} =$	$j_{\text{n2}} =$

四、润滑方式

1）齿轮润滑方式：

2）轴承润滑方式：

五、密封方式

1）输入轴端密封方式：

2）输出轴端密封方式：

六、思考题

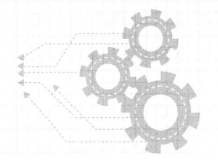

实验十四

滑动轴承实验

液体动压滑动轴承在工作时由轴的自身转动，把润滑油带入楔形收敛空间中，即可产生一定的动压承载能力，只要载荷、速度、间隙和油的黏度匹配得当，即可实现液体动压润滑。因为液体动压滑动轴承仅需要克服由于油的黏性而引起的摩擦功耗，因而功耗很小，在汽轮机、轧钢机等机械中应用较为广泛。

一、实验目的

1）能够说明径向滑动轴承的摩擦系数 f 的测量方法和摩擦特性曲线的绘制方法。

2）能够通过观察径向滑动轴承液体动压润滑油膜的形成过程，说明动压润滑油膜的形成原理。

3）能够通过测定和绘制径向滑动轴承径向油膜压力曲线，计算轴承的承载能力。

4）能够通过观察载荷和转速改变时油膜压力的变化情况，说明油膜压力的变化规律。

二、实验台的构造与工作原理

1. 实验台的传动装置

实验台的构造如图 14-1 所示。由直流电动机（图中未画出）通过 V 带传动驱动轴沿顺时针（面对实验台面板）方向转动，由无级调速器实现轴的无级调速。本实验台轴的转速范围 3 ~ 500r/min，轴的转速由显示面板直接读出。

2. 轴与轴瓦间的油膜压力测量装置

轴的材料为 45 钢，经表面淬火、磨光，由滚动轴承支承在箱体 2 上，轴的下半部浸泡在润滑油中，本实验台采用润滑油的牌号为 N68，该润滑油在 20℃ 时的动力黏度为 0.34Pa·s。轴瓦的材料为铸锡铅青铜，牌号为 ZCuSn5Pb5Zn5。在轴瓦的一个径向平面内沿圆周钻有 7 个小孔，每个小孔沿圆周相隔 20°，每个小孔连接一个压力表，用来测量该径向平面内相应点的油膜压力，由此可绘制出径向油膜压力分布曲线。沿轴瓦的一个轴向剖面装有两个压力表，用来观察滑动轴承沿轴向的油膜压力情况。

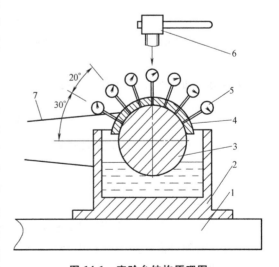

图 14-1 实验台结构原理图

1—机座 2—箱体 3—轴 4—轴瓦

5—压力表 6—加载装置 7—V 带传动

3. 加载装置

油膜的径向压力分布曲线是在一定的载荷和一定的转速下绘制的。当载荷改变或轴的转速改变时所测出的压力值是不同的，所绘出的压力分布曲线的形状也是不同的。转速的改变方法如前所述。本实验台采用螺旋加载（见图 14-1），转动螺旋即可改变载荷的大小，所加载荷的值通过传感器数字显示，直接在实验台操纵板上读出（取中间值）。这种加载方式的主要优点是结构简单、可靠，使用方便，载荷的大小可任意调节。

4. 摩擦系数 f 测量装置

径向滑动轴承的摩擦系数 f 随轴承的特性系数 $\eta n/p$ 值的改变而改变（η 为油的动力黏度，n 为轴的转速，p 为压力，$p = W/(Bd)$，W 为轴上的载荷，B 为轴瓦的宽度，d 为轴的直径，本实验台 $B = 125\text{mm}$，$d = 70\text{mm}$），如图 14-2 所示。

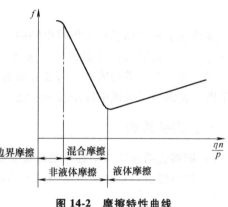

图 14-2　摩擦特性曲线

在边界摩擦时，f 随 $\eta n/p$ 的增大变化很小（由于 n 值很小，建议用手慢慢转动轴），进入混合摩擦后，$\eta n/p$ 的改变引起 f 的急剧变化，在刚形成液体摩擦时 f 达到最小值，此后，随 $\eta n/p$ 的增大油膜厚度亦随之增大，因而 f 亦有所增大。

摩擦系数 f 可通过测量轴承的摩擦力矩获得。轴转动时，轴对轴瓦产生周向摩擦力 F，其摩擦力矩为 $Fd/2$，它供轴瓦 4 翻转，其翻转力矩通过固定在加载装置上的百分表测出弹簧片的变形量，并经过以下计算得到摩擦系数 f 之值。

根据力矩平衡条件得：

$$\frac{Fd}{2} = LQ$$

式中　L——测力杆的长度，本实验台 $L = 120\text{mm}$；

　　　Q——反力。

设作用在轴上的外载荷为 W，则

$$f = \frac{F}{W} = \frac{2LQ}{Wd}$$

其中，$Q = K\Delta$（K 为测力计的刚度系数，见实验台上的说明，Δ 为百分表读数），则

$$f = \frac{2LK\Delta}{Wd}$$

5. 摩擦状态指示装置

指示装置的工作原理如图 14-3 所示。当轴不转动时，可观察到灯泡较为明亮；当轴在很低的转速下转动时，轴将润滑油带入轴和轴瓦之间收敛性间隙内，但由于此时的油膜很薄，轴与轴瓦之间部分微观不平度的凸峰处仍在接触，故灯光忽亮忽暗；当轴的转速达到一定值时，轴与轴瓦之间形成的压力油膜厚

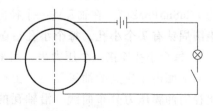

图 14-3　指示装置工作原理

度完全遮盖两表面之间微观不平度的凸峰高度，油膜完全将轴与轴瓦隔开，灯泡则进入熄灭状态。

三、实验方法及步骤

1. 准备工作

检查设备状态，润滑油是否充足，压力加载装置是否为零。

2. 绘制径向油膜压力分布曲线与承载曲线图。

1）起动电动机，将轴的转速逐渐调整到一定值（可取 300～350r/min），注意观察从轴开始运转至 300r/min 时灯泡亮度的变化情况，待灯泡完全熄灭，此时表示已处于完全液体润滑状态。

2）用加载装置分几次加载（不超过 1000N，出厂时为 700N）。

3）待各压力传感器的压力值稳定后，由左至右依次记录各压力传感器的压力值（在操控面板上单击"测点选择"按钮，在弹出的"序号"窗口中依次显示各压力传感器的序号，在"轴瓦"和"外加负荷"窗口中依次显示相对应的值）。

4）卸载、关机。

5）根据测出的各压力表的压力值按一定比例绘制出压力分布曲线与承载曲线，如图 14-4a 所示。此图的具体画法是：从圆点出发从左到右画出角度分别为 30°、50°、70°、90°、110°、130°、150°的射线，在圆周上分别得出油孔点 1、2、3、4、5、6、7 的位置。之后在这些射线上，将压力表（比例：0.1MPa＝5mm）测出的压力值 p_i 画为压力线 1-1′、2-2′、3-3′、…、7-7′。将 1′、2′、…、7′各点连成光滑曲线，此曲线就是所测轴承的一个径向油膜截面的压力分布曲线。

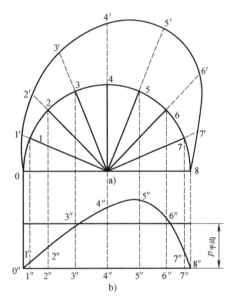

图 14-4　径向油膜压力分布曲线及承载曲线

为了确定轴承的承载量，用 $p_i\sin\phi_i$（$i＝1、2、…、7$）求得向量 1-1′、2-2′、…、7-7′在载荷方向（即 y 轴）的投影值。角度 ϕ_i 与 $\sin\phi_i$ 的数值见表 14-1。

表 14-1　数值列表

ϕ_i	30°	50°	70°	90°	110°	130°	150°
$\sin\phi_i$	0.50	0.7660	0.9397	1.00	0.9397	0.7660	0.5000

然后将 $p_i\sin\phi_i$ 这些平行于 y 轴的向量移到直径 0-8 上。为清楚起见，将直径 0-8 平移重绘为 0″-8″，如图 14-4b 所示，在直径 0″-8″ 上先画出轴承表面上油孔位置的投影点 1″、2″、…、8″，然后通过这些点画出上述相应的各点压力在载荷方向的分量，即 1″、2″、…、7″点，将各点光滑连接起来，所形成的曲线即为在载荷方向的压力分布。

在直径 0″-8″ 上做一个矩形，采用方格纸，使其面积与曲线所包围的面积相等，即矩形的面积为

$$S_{矩} = p_{平均} \, Bd。$$

式中　$p_{平均}$——径向平均单位压力；

　　　　B——轴瓦宽度；

　　　　d——轴的直径。

四、软件操作说明

1）双击桌面上软件的图标（滑动轴承实验），进入软件的初始界面。

2）在初始界面的非文字区单击鼠标，即可进入滑动轴承实验教学界面，以下简称主界面，如图 14-5 所示。

图 14-5　滑动轴承实验界面

3）在主界面上单击"实验指导"按钮，进入本实验指导文档。拖动滚动条即可查看文档内容。

4）单击"实验台参数设置"按钮，进入"参数设定"界面，如图 14-6 所示，输入正确的密码后单击"确认"按钮即可设置参数。参数设定完毕后，系统将按以下公式计算：

① 压力传感器的值＝压力传感器实测值×K+J。

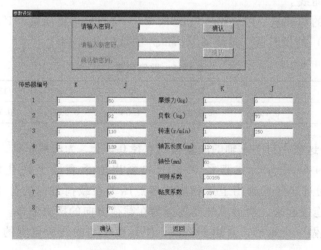

图 14-6　"参数设定"界面

② 摩擦力的值 = 摩擦力实测值 $\times K + J$。

③ 转速的值 = 转速实测值 $\times K + J$。

④ 负载的值 = 负载实测值 $\times K + J$。

⑤ 轴瓦长度、轴径、间隙系数、黏度系数等于所设定的值。

参数设定完毕后，单击下面的"确认"按钮，退出再重新进入本软件，所做的更改才能生效。

5）在主界面上单击"油膜压力分析"按钮，进入"油膜压力测试"界面，如图 14-7所示。

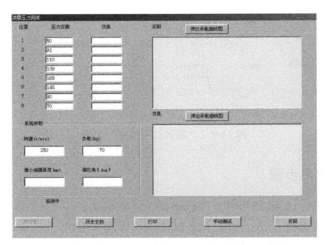

图 14-7 "油膜压力测试"界面

在滑动轴承"油膜压力测试"界面上，单击"稳定测试"按钮，稳定采集滑动轴承各测试数据。测试结束后，将给出实测与仿真八个压力传感器位置点的压力值。实测与仿真曲线自动绘出，同时弹出"另存为"对话框，提示保存。

单击"手动测试"按钮，再按提示框操作，即可进行手动测试，如图 14-8所示。

单击"历史文档"按钮，弹出"打开"对话框，选中该对话框后，将历史记录的滑动轴承油膜压力仿真曲线图和实测曲线图显示出来。

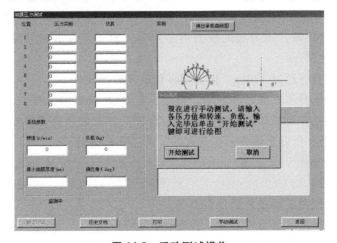

图 14-8 手动测试操作

单击"打印"按钮，弹出打印对话框，选择后，将滑动轴承油膜压力仿真曲线图和实测曲线图打印出来，如图 14-9 所示。

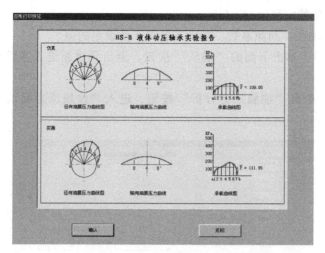

图 14-9　"图形打印预览"界面

五、实验台使用步骤

1）开机前的准备：初次使用时，需仔细阅读注意事项。

① 用汽油将油箱清理干净，加入 N68 机油至圆形油标中线。

② 将面板上调速旋钮逆时针旋到底（转速最低），加载螺旋杆旋至与负载传感器脱离接触。

2）通电后，面板上两组数码管亮起（左：转速，右：负载），调节调零旋钮使负载数码管清零。

3）旋转调速旋钮使电动机在 100~200r/min 运行，此时油膜指示灯应熄灭。稳定运行 3~4min 后即可操作。

六、注意事项

1）使用的机油必须通过过滤才能使用，使用过程中严禁灰尘及金属屑混入机油内。

2）由于主轴和轴瓦加工精度高，配合间隙小，润滑油进入轴和轴瓦间隙后，不易流失，在做摩擦系数测定时，压力表的压力不易回零，为了使表迅速回零。需人为把轴瓦抬起，使油流出。

3）所加负载不允许超过 120kg，以免损坏负载传感器元件。

4）机油牌号的选择可根据具体环境、温度，在 N32~N68 内选择。

5）为防止主轴瓦在无油膜运转时烧坏，在面板上装有无油膜报警指示灯，正常工作时指示灯处于熄灭状态，所以当该指示灯亮起时，严禁高速运转。

七、思考题

1）形成动压油膜的必要条件是什么？

2）滑动轴承的摩擦状态有哪几种？各有什么特点？

3）哪些因素影响液体动压润滑轴承的承载能力及其油膜的形成？

滑动轴承实验报告

实验日期：_____年____月____日

班级：_____姓名：_____指导教师：_____成绩：_____

一、油膜压力及承载曲线

转速 $n =$ _____ r/min，负载 $F =$ _____ N，最小油膜厚度_____ mm。

1. 油膜压力测试

测点（传感器）位置	1	2	3	4	5	6	7	8
压力值/MPa								

2. 径向油膜压力分布曲线

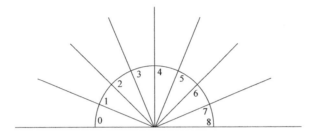

3. 承载曲线

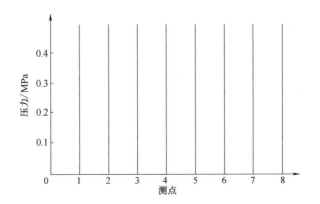

二、思考题

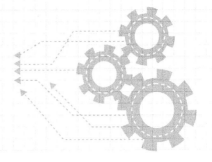

机械传动性能综合实验

机械传动装置是大多数机器的主要组成部分。事实证明，传动装置在整台机器的质量和成本方面都占有很大的比例，机器的工作性能和运转费用也在很大程度上取决于传动装置的优劣。不断提高传动装置的设计和制造水平具有极其重大的意义。

一、实验目的

1）通过测试常见机械传动装置（如带传动、链传动、齿轮传动、蜗杆传动等），绘制在传递运动与动力过程中的参数曲线（速度曲线、转矩曲线、传动比曲线、功率曲线及效率曲线等），加深对常见机械传动性能的认识和理解。

2）通过测试由常见机械传动组成的不同传动系统，绘制其参数曲线，能够归纳机械传动合理布置的基本要求。

3）能够说明智能化机械传动性能综合测试实验台的工作原理，培养进行设计性实验与创新性实验的能力。

二、实验设备

实验台采用模块化结构，由不同种类的机械传动装置、联轴器、变频电动机、加载与制动装置和工控机等模块组成，其硬件组成及结构布局如图 15-1 所示。

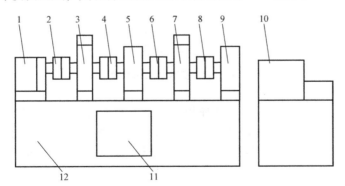

图 15-1　实验台的硬件组成及结构布局

1—变频调速电动机　2、4、6、8—联轴器　3、7—转矩转速传感器　5—试件

9—加载与制动装置　10—工控机　11—电气控制柜　12—台座

学生可以根据选择或设计的实验类型、方案和内容，自己动手进行传动连接、安装调试和测试，进行设计性实验、综合性实验或创新性实验。实验台组成部件主要技术参数见表 15-1。

表 15-1　实验台组成部件主要技术参数

序号	组成部件	技术参数	备注
1	变频调速电动机	550W	
2	ZJ 型转矩转速传感器	Ⅰ. 规格 10N·m 输出信号幅度不小于 100mV Ⅱ. 规格 50N·m 输出信号幅度不小于 100mV	
3	机械传动装置(试件)	直齿圆柱齿轮减速器:$i=5$ 摆线针轮减速器:$i=9$ 蜗杆减速器:$i=10$ V 带传动 同步带传动 $P_b=9.525$kW 套筒滚子链传动 $z_1=17,z_2=25$	1 台 1 台 WPA50-1/10 V 带 3 根 同步带 1 根 08A 型滚子链 3 根
4	磁粉制动器	额定转矩:50N·m 励磁电流:2A 允许滑差功率:1.1kW	

　　机械传动性能综合测试实验台采用自动控制测试技术设计,所有电动机程控起停,转速程控调节,负载程控调节,用转矩测量卡替代转矩测量仪,整台设备能够自动进行数据采集和处理,自动输出实验结果,是高度智能化的产品。

　　实验台由种类齐全的机械传动装置、联轴器、动力输出装置、加载装置和控制及测试软件、工控机等组成,其工作原理如图 15-2。

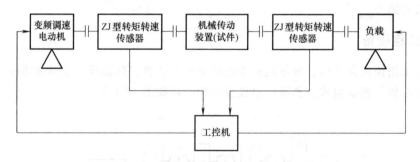

图 15-2　实验台工作原理

　　实验台采用模块化结构,可通过选择传动部分中的不同型式搭配构成链传动、V 带传动、同步带传动、齿轮传动、蜗杆传动、齿轮-链传动、带-齿轮传动、链-齿轮传动、带-链传动等多种单级典型机械传动及两级组合机械传动性能综合测试实验台。

三、实验原理

　　本实验台能完成的实验项目见表 15-2,可根据专业特点和实验教学改革需要指定,也可以自主选择或设计实验类型与实验内容。

　　无论选择哪类实验,其基本内容都是通过对某种机械传动方案性能参数曲线的测绘,来分析机械传动的性能特点。

　　实验利用实验台的自动控制测试技术,自动测试出机械传动的性能参数,如转速 n（r/min）、转矩 M（N·m）、功率 P（kW）,并按照以下关系自动绘制参数曲线。

表 15-2　实验台能完成的实验项目

类型编号	实验项目名称	被测试件	项目适用对象	备注
A	典型机械传动装置性能测试实验	在带传动、链传动、齿轮传动、摆线针轮传动、蜗杆传动等中选择	本科	
B	组合传动系统布置优化实验	由典型机械传动装置按设计思路组合	本科	部分被测试件由教师提供，或另购拓展性实验设备
C	新型机械传动性能测试实验	新开发研制的机械传动装置	研究生	被测试件由教师提供，或另购拓展性实验设备

1）传动比：$i=n_1/n_2$。

2）转矩：$M=9550P/n$（N·m）。

3）传动效率：$\eta=P_2/P_1=M_1n_1/(M_2n_2)$。

根据参数曲线可以对被测机械传动系统的传动性能进行分析。

四、实验台使用与操作

1. 实验台的安装环境与安装方法

1）实验台应安装在环境清洁、干燥、无振动、无磁场干扰、无腐蚀气体、有电源的实验室内。环境温度为 10~30℃、相对湿度≤85%。

2）实验台应放置于坚硬的地面上（不必打地基），通过脚垫调校到水平位置。

2. 实验前的准备及实验操作

（1）搭接实验装置前　应仔细阅读本实验台的使用说明书，熟悉各主要设备的性能、参数及使用方法，正确使用仪器设备及测试软件。

（2）搭接实验装置时　由于电动机、被测传动装置、传感器、加载器的中心高均不一致，组装、搭接时应选择合适的垫板、支承板、联轴器，调整好设备的安装精度、以使测量的数据精确。各主要搭接件中心高及轴径尺寸见表 15-3。

表 15-3　主要搭接件中心高及轴径尺寸

搭接件	中心高/mm	轴径尺寸/mm
变频电动机	80	$\phi19$
ZJ10 转矩转速传感器	60	$\phi14$
ZJ50 转矩转速传感器	70	$\phi25$
FZ-5 磁粉制动器	—	$\phi25$
齿轮减速器	120	轴径 $\phi18$,中心距85.5
摆线针轮减速器	120	轴径 $\phi20$ 或 $\phi35$
轴承支承	120	轴径 a $\phi18$ 轴径 b $\phi14$、$\phi18$

（3）在有带传动、链传动的实验装置中　为防止压轴力直接作用在传感器上影响测试精度，一定要安装本实验台的专用轴承支承座。

（4）在搭接好实验装置后　用手驱动电动机轴，如果装置运转自如，即可接通电源，进入实验操作。否则重调各连接轴的中心高、同轴度，以免损坏转矩转速传感器。

（5）实验数据测试前　应对测试设备进行参数设置与调零，以保证测量精度。其具体步骤如下。

1）参数设置。打开工控机，双击桌面的快捷方式"Test"进入软件运行界面。按下控制台电源按钮，在控制台上选择"自动"，按下主电动机按钮。

在软件界面显示的下拉菜单"C设置部分"：对报警参数对话框内第一报警参数和第二报警参数可不必设置，定时记录数据可设置为零或大于10min，表示采用手动记录数据，不用定时记录数据。采样周期为1000ms即可。

在可供显示的参数对话框内，可供显示的参数已经打钩，故此对话框可不考虑（可供显示的参数也就是显示面板上所能显示的参数）。

在设置转矩传感器常数框内，用户根据输入端转矩传感器和输出端转矩传感器铭牌上的标识正确填写对话框内系数、转矩量程和齿数，框内的小电动机转速和转矩零点可暂不填入。

在软件界面显示的下拉菜单"C设置部分"配置流量传感器串口参数与设定压力、温度等传感器参数，如果所用实验台不能做压力、温度、流量等方面的测试，则可不考虑。

在软件界面显示的下拉菜单"A分析部分"可打开绘制曲线的对话框，其中Y轴坐标定义可任意选择一种、两种或全选，但局限于可供显示的那几种实验参数。其余X轴坐标定义先设置为t，曲线拟合法先设置为折线法，X、Y坐标值设置为自动，待正式测试时根据需要再做适当调整。准确完成以上步骤，参数设置即完成。

2）调零。单击主界面下拉菜单中的"T试验部分"，起动输入端转矩传感器和输出端转矩传感器上部的小电动机，此时显示面板上"n_1"和"n_2"应分别显示小电动机的转速，"M_1"和"M_2"应分别显示传感器转矩量程（M_1一般为$10N \cdot m \pm 3N \cdot m$，$M_2$一般为$50N \cdot m \pm 10N \cdot m$）。然后单击电动机控制操作面板上的电动机转速调节框，调节主电动机转速，如果此时小电动机和主轴旋转方向相反，说明小电动机旋转方向正确，可进行下一步骤。如果此时显示面板上"n_1"和"n_2"数值减小（可能"n_1"数值减小，可能"n_2"数值减小，也可能"n_1"和"n_2"数值均减小），则要重新调整小电动机旋向，直至两小电动机转速均与主轴转速方向相反为止。

小电动机转速方向正确后，将主轴转速回调至零，然后再次单击软件界面显示的下拉菜单"C设置部分"选择"T"，系统再次弹出"设置转矩转速传感器参数"对话框，此时只需分别单击输入端和输出端调零框右边一钥匙状按钮便可自动调零，存盘后返回主界面，调零结束。

（6）接好实验装置、正确调零后　其自动操作和手动操作步骤简述如下。

1）自动操作。

① 打开工控机，双击桌面的快捷方式"Test"进入软件运行界面。

② 按下控制台电源按钮，在控制台上选择自动，按下主电动机按钮（如调零后未关机而直接进行自动操作，①②两项可免）。

③ 在主界面被测参数数据库内填入实验类型、实验编号、小组编号、指导老师、实验人员等。切记实验编号必须填写，其他可不填，然后单击"装入"按钮。

④ 在软件界面打开电动机转速调节对话框，调节电动机速度。

⑤ 通过电动机负载调节对话框缓慢加载负载，待显示面板上数据稳定后按动手动记录

按钮记录数据，加载及手动记录数据的次数视实验本身的需要而定。

⑥ 卸载后打印出数据和曲线图。

⑦ 关机。

2）手动操作。

① 打开工控机，双击桌面的快捷方式"Test"进入软件运行界面。

② 按下控制台电源按钮接通电源，同时选择手动，按下主电动机按钮。

③ 在主界面被测参数数据库内填入实验类型、实验编号、小组编号、指导老师、实验人员等。切记实验编号必须填写，其他可不填，然后单击"装入"按钮。

④ 通过软件运行界面的电动机转速调节对话框调节电动机速度。

⑤ 通过转动控制台电流粗调、电流微调缓慢加载，待显示面板上数据稳定后按动手动记录按钮记录数据，加载及手动记录数据的次数则视实验本身的需要而定。

⑥ 卸载后打印出数据和曲线图。

⑦ 关机。

五、实验步骤

参考图 15-3 所示实验流程，进行实验操作。

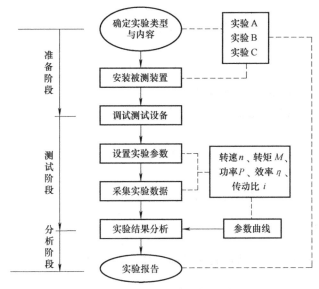

图 15-3　机械传动性能综合实验流程

1. 准备阶段

确定实验类型与实验内容。选择实验 A（见表 15-2）时，可从 V 带传动、同步带传动、滚子链传动、圆柱齿轮减速器、蜗杆减速器中，选择 1~2 种进行传动性能测试实验。

选择实验 B（见表 15-2）时，则要确定选用的典型机械传动装置及其组合布置方案，并进行方案比较实验，见表 15-4。

选择实验 C（见表 15-2）时，首先要了解被测机械的功能与结构特点。

布置、安装被测机械传动装置（系统）时，注意选用合适的调整垫块，确保传动轴之间的同轴度要求，对测试设备进行调零。

表 15-4　典型机械传动装置及其组合布置方案

实验编号	组合布置方案一	组合布置方案二
1	V 带传动-齿轮减速器	齿轮减速器-V 带传动
2	同步带传动-齿轮减速器	齿轮减速器-同步带传动
3	链传动-齿轮减速器	齿轮减速器-链传动
4	带传动-蜗杆减速器	蜗杆减速器-带传动
5	链传动-蜗杆减速器	蜗杆减速器-链传动
6	V 带传动-链传动	链传动-V 带传动
7	V 带传动-摆线针轮减速器	摆线针轮减速器-V 带传动
8	链传动-摆线针轮减速器	摆线针轮减速器-链传动

2. 测试阶段

1）打开实验台电源总开关和工控机电源开关。

2）双击"Test"显示测试控制系统主界面，熟悉主界面的各项内容。

3）输入实验教学信息：实验类型、实验编号、小组编号、实验人员、指导老师、实验日期等。

4）单击"设置"按钮，确定实验测试参数：转速 n_1、n_2 和转矩 M_1、M_2 等。

5）单击"分析"按钮，确定实验分析项目：绘制曲线、打印表格等。

6）起动主电动机，进入实验。使电动机转速加快至接近同步转速后，进行加载。加载时要缓慢平稳，否则会影响采样的测试精度。待数据显示稳定后，即可进行数据采样。分级加载，分级采样，采集 10 组左右数据即可。

7）从"分析"中调看参数曲线，确认实验结果。

8）打印实验结果。

9）结束测试。注意逐步卸载，关闭电源开关。

3. 分析阶段

对所测得的实验数据进行分析，完成实验报告。

六、注意事项

1）本实验台采用的是风冷式磁粉制动器，注意其表面温度不得超过 80℃，实验结束后应及时卸除载荷。

2）在施加实验载荷时，手动操作时应平稳地旋转电流微调旋钮，自动运行时也应平稳地加载，并注意输入传感器的最大转矩分别不应超过其额定值的 120%。

3）无论做何种实验，均应先起动电动机后再加载荷，严禁先加载后开机。

4）在实验过程中，如遇电动机转速突然下降或者出现不正常的噪声和振动时，必须卸载或紧急停车（关掉电源开关），以防电动机温度过高、烧坏电动机、电器及发生其他意外事故。

5）变频器出厂前已设定完成。若需更改，必须由专业技术人员或熟悉变频器的技术人员完成，以免因不适当的设定造成人身安全和损坏机器等事故发生。

6）传感器本身是一台精密仪器，严禁手握轴头搬运（对于小规格尤其要注意），严禁在地上拖拉，在安装联轴器时，严禁用铁质锤子敲打。

机械传动性能综合实验报告

实验日期：_____年____月____日

班级：_____姓名：_____指导教师：_____成绩：_____

一、机械传动装置传递运动的平稳性和传递动力的效率（实验 A 或实验 C）。

二、不同的布置方案对传动性能的影响（实验 B）。

三、实验结果的分析，实验中的新发现、新设想或新建议。

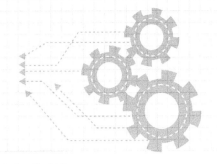

实验十六

齿轮传动强度综合设计实验

齿轮传动强度设计是机械设计课程中最重要的章节之一。但齿轮传动强度中接触应力和弯曲应力的实验测量是国内外实践教学中的一个难题，国内外多年来都没有针对齿轮传动弯曲强度和接触强度进行综合测试分析的实验台。齿轮传动强度综合设计实验台的开发填补了这一空白，为机械类学生深刻理解齿轮传动强度设计原理提供了不可或缺的实验条件。

一、实验目的

该实验项目为创新性和研究性实验，通过对不同齿轮传动的齿根弯曲强度和齿面接触强度进行测试分析和设计分析，研究齿轮传动的各个参数（如齿数、模数、螺旋角和中心距等）对齿根弯曲强度和齿面接触强度的影响，加深学生对齿轮传动强度设计原理的理解。

二、实验设备

齿轮传动强度综合设计实验台主要由安装在平台上的驱动部分、传动部分、加载制动部分、信号采集部分和控制测试部分组成，其工作原理如图 16-1 所示。

机械结构组成如图 16-2 所示。各部分之间采用联轴器 2、4、8 等连接。驱动部分由电动机 17 与减速器 1 组合构成。传动部分由主动齿轮 6 与被测从动齿轮 7 及被测齿轮轴 10、过渡齿轮 11 与转速齿轮 12 及角位移传感器 14 等组成，由角位移传感器 14 直接测出被测从动齿轮 7 的转速。加载制动部分由联轴器 8 和磁粉加载器 9 组成，以激励电流为控制手段，达到控制制动或传递转矩的目的。信号采集部分包括转矩传感器 3 和角位移传感器 14，以及被测从动齿轮 7 齿根应变信号输出线的旋转连接器 13 组成。控制测试部分由控制面板与计算机及测试分析软件组成（图中未列出）。

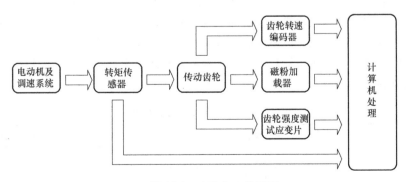

图 16-1　实验台工作原理

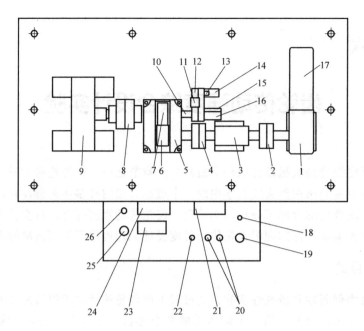

图 16-2　机械结构组成

1—减速器　2、4、8—联轴器　3—转矩传感器　5—齿轮箱　6—主动齿轮　7—被测从动齿轮　9—磁粉加载器
10—被测齿轮轴　11—过渡齿轮　12—转速齿轮　13—旋转连接器　14—角位移传感器　15—应变信号输出线
16—编码器座　17—电动机　18—调速按钮　19—紧停按钮　20—正反转按钮　21—转速显示器
22—加载旋钮　23—磁粉加载显示器　24—转矩显示器　25—电源按钮　26—电源指示灯

（1）控制面板说明　控制面板由调速旋钮18、紧停按钮19、正反转按钮20、加载旋钮22、电源按钮25、转速显示器21、转矩显示器24及磁粉加载显示器23等组成。在测试时，调整好转速，如50r/min，再调整加载旋钮22，如转矩10N·m、20N·m、30N·m、40N·m、50N·m、60N·m等，每加载1次，在计算机上进行信号采集1次。特别说明，本机最高转速为60r/min，最大调节转矩为100N·m。

（2）测量信号输出说明　在被测从动齿轮的齿部安装有两组应变片桥，测量齿轮齿部的弯曲和接触应力，从动旋转齿轮的应变信号经航空接头到旋转连接器，再经信号放大板输入到计算机，使应变信号的采集真实、稳定、可靠。

（3）组标号齿轮箱说明　实验台配备组标号齿轮箱，将贴好应变片的被测齿轮及其配套齿轮总成放入特定的标号齿轮箱中，视为一组。实验时，为进行对比实验，可直接更换成组标号齿轮箱，省去拆装、调整齿轮中心距等麻烦，使实验结构紧凑、高效、稳定。同时在进行对比实验时，可以以齿轮箱标号为特征，分析对比不同参数齿轮的强度特性。不同组标号齿轮箱参数见表16-1。

表 16-1　不同组标号齿轮箱参数

组型	齿型	齿轮参数	数量	中心距 a/mm
A	直齿轮	$m = 4\text{mm}$；$z_1 = 20, z_2 = 32$；$i = 1.6$	1套	104
B	直齿轮	$m = 4\text{mm}$；$z_1 = 20, z_2 = 58$；$i = 2.6$	1套	156
C	直齿轮	$m = 4\text{mm}$；$z_1 = 30, z_2 = 48$；$i = 1.6$	1套	156

（续）

组型	齿型	齿轮参数	数量	中心距 a/mm
D	直齿轮	$m = 6\text{mm}; z_1 = 20, z_2 = 32; i = 1.6$	1 套	156
E	斜齿轮	$m_n = 4\text{mm}; z_1 = 19, z_2 = 31; i = 1.63$ $\beta = 15°56'33'' \approx 15.94°$	1 套	104
F	斜齿轮	$m_n = 4\text{mm}; z_1 = 20, z_2 = 31; i = 1.55$ $\beta = 11°15'17'' \approx 11.25°$	1 套	104
说明	m 为模数，z_1 为主动齿轮齿数，z_2 为被测从动齿轮齿数，i 为传动比，a 为中心距，β 为螺旋角，m_n 为法向模数			

三、实验原理

根据机械设计课程中齿轮强度的计算公式可得标准直齿圆柱齿轮接触强度为

$$\sigma_H = (u \pm 1)^2 \sqrt{\frac{2KT}{\phi_d a^3 u}} Z_H Z_E \leqslant [\sigma_H] \tag{16-1}$$

弯曲强度为

$$\sigma_F = \frac{2KTY_{Fa}Y_{Sa}}{\phi_d m^3 z_1} \leqslant [\sigma_F] \tag{16-2}$$

标准斜齿圆柱齿轮接触强度为

$$\sigma_H = (u \pm 1)^2 \sqrt{\frac{2KT}{\phi_d a u \varepsilon_\alpha}} Z_H Z_E \leqslant [\sigma_H] \tag{16-3}$$

弯曲强度为

$$\sigma_F = \frac{2KTY_{Fa}Y_{Sa}Y_\beta \cos^2\beta}{\phi_d m_n^3 z_1^2 \varepsilon_\alpha} \leqslant [\sigma_F] \tag{16-4}$$

由式（16-1）~式（16-4）可知，齿根弯曲强度和齿面接触强度与齿轮传动的各个参数（如齿数、模数、螺旋角和中心距等）有关，可以用不同标号的齿轮箱为实验对象，进行对比实验，分析对比不同参数齿轮的强度特性。

1. 模数和小齿轮齿数不变、不同中心距和传动比齿轮的强度比较

选择组标号为 A 和 B 的齿轮箱进行对比实验，由式（16-1）和式（16-2）可知，组标号为 A 和 B 的齿根弯曲强度相同，而齿面接触强度不同，中心距大的 B 齿轮箱齿轮测试的齿面接触应力小，接触强度高。

2. 中心距和传动比不变、不同模数齿轮的强度比较

选择组标号为 C 和 D 的齿轮箱进行对比实验，由式（16-1）和式（16-2）可知，组标号为 C 和 D 的齿轮齿面接触强度相同，而齿根弯曲强度不同，模数大的 D 齿轮箱齿轮测试的齿根弯曲应力小，弯曲强度高。

3. 中心距和模数不变、直齿轮和斜齿轮的强度比较

选择组标号为 A 和 E 的齿轮箱进行对比实验，由式（16-1）~式（16-4）可知，组标号为 A 和 E 的齿轮箱齿轮齿面接触强度和齿根弯曲强度都不同，齿轮箱 E 齿轮测试的齿根弯曲应力和齿面接触应力都小些，其接触强度和弯曲强度都比直齿轮的高。

4. 中心距和模数不变、不同螺旋角斜齿轮的强度比较

选择组标号为 F 和 E 的齿轮箱进行对比实验，由式（16-1）~式（16-4）可知，组标号为 F 和 E 的齿轮箱齿轮齿面接触强度和齿根弯曲强度都不同，齿轮箱 E 齿轮测试的齿根弯曲应力和齿面接触应力都小些，其接触强度和弯曲强度都比组标号为 F 的齿轮高。

四、测试软件说明

1. 主界面说明

双击软件可执行文件后再单击初始化界面就会进入齿轮传动强度综合设计实验台主界面，如图 16-3 所示。该主界面包括菜单栏、初始转速显示窗口、转矩显示窗口、原始参数输入框、采集数据显示框、齿轮强度实测曲线图、齿轮强度实验数据列表、弯曲强度-载荷曲线图、接触强度-载荷曲线图及实验操作按钮。

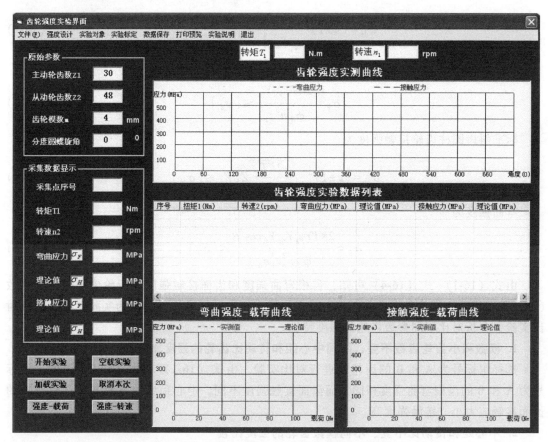

图 16-3 齿轮传动强度综合设计实验台主界面

（1）菜单栏 菜单栏如图 16-4 所示。

文件 强度设计 实验对象 实验标定 数据保存 打印预览 实验说明 退出

图 16-4 菜单栏

1）"文件"菜单下有"实验说明""返回""退出系统"三个子菜单。

2）"强度设计"菜单下有"直齿轮传动""斜齿轮传动"两个子菜单，可以分别对两种齿轮实验进行强度设计和校核。

3）"实验对象"菜单下有四种直齿轮传动和两种斜齿轮传动六个子菜单。

4）"实验标定"菜单下有"直齿轮传动""斜齿轮传动"两个子菜单。

5）"数据保存"菜单下有"直齿轮传动""斜齿轮传动"两个子菜单。可以分别对两种齿轮实验进行数据保存。

6）"打印预览"菜单下有"直齿轮传动""斜齿轮传动"两个子菜单。可以分别对两种齿轮实验结果进行打印。

7）"实验说明"菜单中给出了实验中的注意事项和实验步骤。

8）"退出"菜单可退出软件。

（2）主界面窗体介绍

1）实时转矩显示窗口如图16-5所示。

2）实时转速显示窗口如图16-6所示。

图16-5　实时转矩显示窗口　　　　图16-6　实时转速显示窗口

3）"原始参数"栏如图16-7所示，实验前请先根据实验对象填写该栏内各式参数。

4）"数据采集显示"栏如图16-8所示，显示当前实验数据。

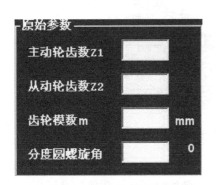

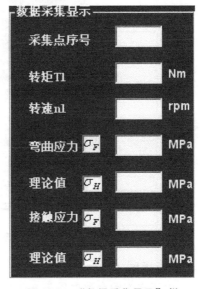

图16-7　"原始参数"栏　　　　图16-8　"数据采集显示"栏

（3）实验操作按钮　　如图16-3所示。

"开始实验"：开始实验，采集当前数据，准备进行空载实验。

"空载实验"：在空载下进行第一次实验。

"加载实验"：加载后进行实验。

"取消本次"：取消本次加载的实验数据和图像。

"强度-载荷"：显示强度-载荷变化曲线图。

"强度-转速"：显示强度-转速变化曲线图。

（4）强度设计界面说明 齿轮设计包括直齿轮设计和斜齿轮设计，强度设计界面如图16-9所示。强度设计模块是为方便学生设计齿轮，并进行强度校核。学生可根据软齿面和硬齿面选择齿轮设计方式，参照教材相关齿轮传动设计部分的内容，通过计算或查表输入相应参数，设计校核齿轮强度。

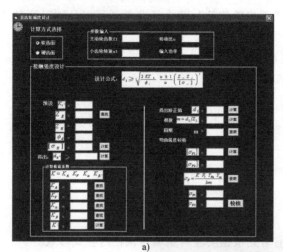

a)

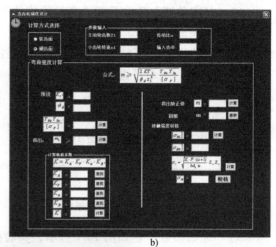

b)

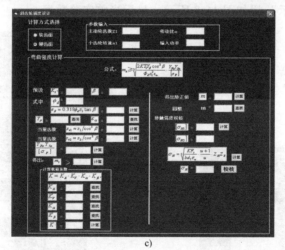

c)

图16-9 强度设计界面

2. 注意事项

1）由于本实验台数据采集方法的原因，在实验软件操作时须注意数据的显示延时。

2）在实验操作时，须严格按照测试部分的实验步骤或者软件主界面"实验说明"进行实验，以免出现不稳定或失准等问题。

实验中，应注意实验数据和图像的随时保存，以免数据丢失。

3）强度设计中，因内嵌诸多齿轮设计的相关公式，应严格按照强度设计界面中参数的输入顺序进行输入，以免引起报错、计算不出等问题。

五、实验内容

1）直齿圆柱齿轮和斜齿圆柱齿轮传动的弯曲强度和接触强度的综合实验分析。

2）直齿圆柱齿轮和斜齿圆柱齿轮在相同中心距情况下的综合实验分析。

3）直齿圆柱齿轮和斜齿圆柱齿轮相同转速、不同载荷实验分析。

4）直齿圆柱齿轮和斜齿圆柱齿轮不同转速、相等载荷实验分析。

六、实验步骤

参考图 16-10 所示实验流程进行实验。

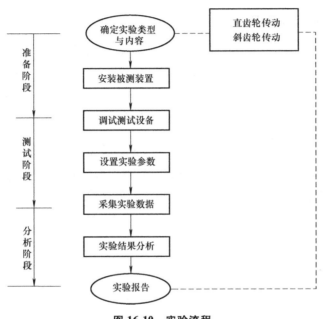

图 16-10　实验流程

1. 准备阶段

1）认真阅读《实验指导书》和《实验台使用说明书》。

2）确定实验方案和实验内容，安装搭接相应的实验装置，对设备进行调零，保证测量精度。

2. 测试阶段

1）打开实验台电源按钮和主电动机正反转按钮。

2）双击桌面"齿轮强度"软件图标，进入实验主界面，熟悉主界面的各项内容。

3）在菜单栏"实验对象"中选择所要使用的实验齿轮箱。

4）空载低速起动电动机，进入实验。单击实验界面"开始实验"按钮，观察软件主界面上"转速"显示窗口和"转矩显示窗口"，调节控制面板上的调速按钮，使电动机达到预定转速。

5）单击菜单栏"实验标定"，转速调至 45~50r/min（注：B 齿轮箱 25r/min 左右），载荷调至 25N·m 左右，对该项实验内容进行标定，取得标定值。

6）卸载后单击"开始实验"，等待显示实验数据和实验曲线，记录实验数据，观察实测曲线，并做好数据和曲线的保存。

7）逐步增加载荷或转速，单击"加载实验"（最大载荷 80N·m，最高转速 60r/min）进行"强度-载荷"和"强度-转速"实验，采集 3~5 组数据，观察对比实验数据、实测曲线，并做好数据和曲线的保存。

8）打印并分析实验结果。

9）结束测试，逐步卸载，减速后关闭电源。

3. 分析阶段

1）分析实验结果。根据所选实验方案，比较数据和图形的差异，总结主要影响因素。

2）完成实验报告。

七、实验操作注意事项

1）本实验台采用水冷磁粉加载器，禁止无水运转，表面温度不得超过 70℃。发现磁粉加载器温度过高时应检查冷却水是否满足要求。

2）在施加载荷时，应慢慢平稳地旋转加载按钮，并同时观察显示器数值，最大转矩不能超过 100N·m，实验完成后，将加载调为 0。无论做何种实验，均应先起动主电动机后再加载，严禁实验台带载荷起动。

3）在实验过程中，如遇到电动机转速突然下降或者出现不正常的噪声和振动时，必须卸载或紧急制动，以防电动机温度过高，烧坏电动机、电器及发生其他意外事故。

4）实验时，严禁用手摸旋转部件，以防发生意外伤害。

齿轮传动强度综合设计实验报告

实验日期：＿＿＿＿＿年＿＿＿月＿＿＿日

班级：＿＿＿＿＿＿姓名：＿＿＿＿＿＿指导教师：＿＿＿＿＿＿成绩：＿＿＿＿＿

一、直齿圆柱齿轮、斜齿圆柱齿轮传动的弯曲强度和接触强度的综合测试分析。

二、直齿圆柱齿轮、斜齿圆柱齿轮在相同中心距情况下的综合测试分析。

三、实验结果的分析，实验中的新发现、新设想或新建议。

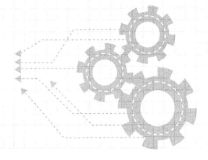

实验十七

机构创新与学科竞赛实验

创新实践是培养学生综合能力的重要途径，机械原理和机械设计类课程从机构设计角度为学生提供创新设计思路，结合课程学习和大学生学科竞赛，积极引导学生，以竞赛促进学习，以知识支撑竞赛。综合运用机构建模、电气控制以及传感检测等多学科知识提升工程实践能力。

一、实验目的

1）学生能够复述相关比赛的特点。

2）学生能够明确机构创新与学科竞赛的关联性，能够复述学科竞赛的环节分布及要点。

3）学生能够结合具体的竞赛需求来设计竞赛环节并完成项目书撰写。

二、实验设备

计算机、投影仪。

三、实验方法

1. 课题选择与论证

选题是一个项目的灵魂，决定了一个项目的成败。它关系到参赛项目的创新性和可行性，进而影响项目的整体进展。以下是一些关于如何选题的建议。

1）理解竞赛宗旨和要求：仔细阅读竞赛的官方文件，了解竞赛的主题、目的以及评审标准等。特别是竞赛分项赛的具体要求，有助于确定选题的方向和范围，以及编写符合要求的竞赛文案。

2）关注地区特点和实际问题：选题时，可以结合具体的区域特点和当前社会的热点问题，或者选取一些具有实际应用价值的实际问题。这样的选题往往更具有现实意义和创新性，也更容易引起评委和观众的关注。

3）结合专业背景和兴趣：选题应充分考虑自己的专业背景和兴趣。选择与自己专业相关或者自己感兴趣的题目，有助于更深入地理解问题，从而提出创新的解决方案。

4）考虑可行性和可操作性：选题时，除了考虑创新性，还需要考虑项目的可行性和可操作性。确保有足够的资源和能力去完成这个项目，包括实验设备、研究资金、团队成员等。

5）参考往年获奖作品：可以查阅往年获奖的作品，了解他们的选题思路与研究方法等，从而获取一些灵感和启发。注意避免直接复制或模仿他人的作品，要保持自己的创新性和独特性。

6）咨询导师或专家意见：在选题过程中，可以咨询导师、相关领域的专家以及企业工程技术人员，寻求他们的意见和建议，结合工程实践需求凝练课题。

学科竞赛选题需要综合考虑多个因素，包括地区特点、竞赛要求、社会热点、专业背景、兴趣梦想、可行性和创新性等因素，选题是整个项目设计最重要的环节。

2. 团队组建

团队组建关系到项目能否顺利开展，很多优秀的项目都是因项目团队执行力不够最终没能取得好的成绩。

1）明确目标：项目目标是什么，依托竞赛提升自身能力。

2）团队领队：该负责人应具备领导能力、责任心和沟通协调能力，能够带领团队朝着目标前进。

3）团队构成：团队成员需要按照项目需求，从机构设计、电气控制、智能控制、文案撰写、口才路演以及财务营销等多个维度跨专业组建。

4）工作计划与推进：执行力是最终项目落地的保证，项目领队可参考工程项目管理模型，详细安排项目计划的推进方案，定期开展例会。

5）建立团队文化：一个有着良好文化氛围的团队能够更好地凝聚人心，提高团队的战斗力。因此，在组建过程中应注重培养团队成员的团队精神、创新意识和责任感等价值观，形成积极向上的团队氛围。

3. 项目竞赛节点控制

1）大学生创新创业训练计划可参考各学校大学生创新创业管理部门发文；国家级、自治区级、校级以及院级创新训练可参考相关部门发文申报。

2）大学生学科竞赛目录里机械类相关竞赛，目前主要在上半年报名举行，具体时间可参考大学生创新创业中心学科竞赛名单。

3）中国国际大学生创新大赛（原"互联网+"大赛）、挑战杯系列大赛，目前是4~5月份开始报名。

4）全国大学生机械设计大赛、中国大学生工程实践与创新能力大赛、全国大学生水利创新设计大赛等比赛，目前是每两年举办1次。

参赛同学需要关注参赛分赛道的具体要求，包括范围限定、报名时间、网络材料提交时间、参赛时间以及具体比赛要求。

4. 机械创新设计

硬件实物类竞赛项目通常需要依托具体的机械结构来表达，通常可采用CAD、CAXA、NX、SolidWorks、Creo等工具来建立模型。"机械原理"和"机械设计"课程为机构设计提供理论支撑，同时也可以从机构创新类公众号等媒体获得设计思路。机械创新设计要充分考虑相关因素。

1）功能需求：首先需要明确机械结构需要实现的功能，例如传动、支撑、导向等，并根据功能要求进行机构创新设计并确定结构的形式和尺寸。

2）强度和刚度：机械结构需要具备一定的强度和刚度，以确保在正常工作状态下不会发生过量变形或损坏，必要时需进行计算校核。

3）稳定性：机械结构应保持稳定，需要考虑结构的重心位置、支撑点、振动等因素，避免不稳定的情况出现。

4）精度：如果机械结构需要实现精确的传动或定位，那么精度要求必须被考虑进去。设计时需要确保所有的零件都设计得十分精确，这要求设计人员精通机械工程知识，并熟练使用 CAD 等设计工具。

5）环境因素：机械结构的工作环境具有特殊性，如温度、湿度、腐蚀、振动等，这些因素对结构的影响都需要考虑，并采取相应的措施进行防护和适应。

6）安全因素：机械结构的设计应确保操作人员的安全，避免意外事故的发生。例如，设计安全防护装置、合理布置排屑和通风等。

7）兼容性：如果机械结构需要与其他系统或设备配合使用，那么兼容性问题也必须被考虑进去。

8）材料选择：正确的材料选择对机械结构设计至关重要。需要考虑机械所需的强度、刚度、耐磨性、耐蚀性、疲劳寿命等因素。材料的选择将直接影响机械的使用寿命、安全性和成本效益。

9）优化设计：优化设计是机械结构设计的一个重要方面，根据多种要求综合考虑，最终形成一个可行的最优解决方案，以达到最佳的设计效果。

机械结构设计是一个复杂且综合性的过程，需要考虑多个方面的因素，确保设计出的结构既满足功能需求，又具有良好的工程实用性。

5. 电气控制设计

控制部分使机构更具有灵魂，能够实现设想的工作流程。其核心是电路设计、传感器和执行器的优化设计。

电路设计是电气控制设计的核心环节之一。在设计电路时，需要根据模型的功能和性能要求，选择合适的电子元件和电路拓扑结构，并绘制出详细的电路图。同时，还需要考虑电路的可靠性、安全性和可维护性等因素。

传感器和执行器是电气控制系统中不可或缺的组成部分。在选择传感器和执行器时，需要根据模型的实际需求和工作环境，选择适合的型号和规格。同时，还需要考虑传感器和执行器的精度、响应速度以及可靠性等因素。

常用的开发板有以下几种供参考选择。

1）Arduino 开发板：Arduino 是一款开源的硬件和软件平台，它基于 C/C++ 编程语言，具有简单易学、灵活性强等优点。Arduino 开发板提供了丰富的外设接口和扩展功能，可以方便地与各种传感器、执行器等外设进行连接和控制。在大学生竞赛中，Arduino 开发板常被用于制作各种智能小车、机器人等作品。

2）STM32 开发板：STM32 是意法半导体（STMicroelectronics）推出的一款基于 ARM Cortex-M 内核的 32 位微控制器。STM32 开发板具有高性能、低功耗、低成本等优点，并且具有丰富的外设接口和扩展功能。在大学生竞赛中，STM32 开发板常被用于实现复杂的数据处理、控制算法等任务。

3）树莓派（Raspberry Pi）：虽然 Raspberry Pi 更多地被用于物联网项目，但它在一些大学生竞赛模型中也有应用。Raspberry Pi 是一款基于 ARM 架构的微型电脑主板，可以运行 Linux 等操作系统，并提供了多种接口和外设支持。它可以用于构建各种基于网络的应用，如智能家居、远程监控等。

6. 工程样机实现

依托实验室、工程训练中心等部门，综合采用机械加工、3D 打印等方式实现机械结构部分，相关零部件优先选用通用标准产品。电气控制需要依托相关开发板，将传感器的数据采集和设备的执行反馈相关联。

7. 项目书撰写

项目书是对整个项目构想的说明性资料，需要表达项目的简介，介绍项目的背景、目标、意义，后期的研究技术路线，以及商业模式等多项内容，以项目书示例论述。

（1）技术型项目书示例

1）封面：包括课题名称、参赛院校、申报者、指导教师。

2）项目亮点（一页）：什么技术，解决什么问题？取得什么成果？有什么效益？

3）摘要（可选择）。

4）目录（三级标题即可）。

5）第一章为绪论，应包括以下方面。

① 项目背景：描述项目所在行业的当前发展状况，包括市场规模、增长速度、主要参与者等。分析行业的发展趋势，例如技术进步、政策变化、消费者需求变化等。

② 国内外研究现状：简要介绍项目所涉及领域在国内外的发展概况，包括主要研究机构、研究团队和研究成果。概述该领域在国内外的发展趋势和热点研究方向。分析国内外同类项目的优缺点，以及它们在市场上的表现。通过比较，突出本项目的创新点、优势和市场潜力。详细描述项目所依赖的关键技术在国内外的研究现状，包括已取得的成果、存在的技术瓶颈等。分析这些技术在国内外的应用情况和市场潜力。

③ 项目痛点：通过市场调研和数据分析，明确目标市场的具体需求。识别现有产品或服务在满足这些需求时存在的问题或不足。指出行业中的痛点或未满足的需求，这些将是项目拟解决的重点。

④ 项目设计任务：阐述项目如何针对这些问题提出创新的解决方案，本项目解决方案具体要求任务。

⑤ 项目技术路线：简要介绍项目所涉及的核心技术或关键技术，以及这些技术在项目中的具体应用。阐述技术的重要性和创新性，以及对于项目成功的关键作用。详细描述项目的技术研究内容，包括关键问题的识别、解决方案的设计等。并按照项目的实施过程，分阶段描述技术路线的实施步骤。绘制技术路线图或流程图，直观地展示技术实施的流程和关键节点。

6）第二章为产品总体介绍，应包括以下方面。

① 作业设备概述（产品介绍）：详细介绍产品的主要功能及其实现方式，包括核心功能和附加功能。强调功能对于用户需求的满足程度以及实际使用效果。说明产品所依赖的关键技术或创新点，如新技术应用、算法优化等。阐述技术对于提升产品性能、降低成本或增加附加值的作用。

② 机械结构设计：提供产品的实物图片或设计草图，展示产品的外观和结构。详细描述产品的结构、尺寸、重量、材质、功能等基本信息，以便读者形成直观的印象。

③ 工作原理：产品是如何实现其功能的。这通常涉及产品的核心技术、关键部件以及它们之间的相互作用。例如，如果是一个电子设备，可以解释其电路设计和信号处理过程；

如果是一个软件产品，可以阐述其算法逻辑和数据处理方式。还需要通过阐述产品工作原理解释如何满足市场需求和用户痛点。这部分内容可以结合市场调研和用户需求分析，说明产品的工作原理是如何针对性地解决用户在使用过程中遇到的问题和困扰的。

7）第三章为产品设计，应包括以下方面。

① 机械结构设计：机械结构设计可以在"机械原理"及"机械设计"课程的基础上进一步拓展思维，设计具备特定功能的产品。

a. 明确设计目标和要求。

功能满足：首先明确设备或产品的预定功能，这涉及工作原理、运行方式、负载能力等方面的要求。确保设计的结构能够在各种情况下稳定、可靠地工作。

环境和条件：考虑设备的使用环境和条件，如温度、湿度、振动、腐蚀等，以便选择合适的材料和涂层，并采取必要的防护措施。

b. 结构要素分析。

几何要素：分析零部件的几何形状及各个零部件之间的相对位置关系，确定功能表面和连接表面。

连接关系：研究零件之间的相互关系，包括直接相关和间接相关（位置相关和运动相关）。确保两零件直接相关部位的设计合理，同时满足间接相关条件。

c. 材料选择。

力学性能：根据功能要求合理地选择材料，了解所选材料的力学性能、加工性能以及使用成本等信息。

加工工艺：根据材料的种类确定适当的加工工艺，并通过适当的结构设计使所选材料最充分地发挥优势。

d. 设计原则。

强度和刚度：确保机械结构具有足够的强度和刚度，以承受工作过程中产生的各种力和力矩。

稳定性：设计应具有良好的稳定性，保证设备在工作过程中能够保持其原有的形状和位置。

工艺性：考虑制造、装配和维修的工艺性，采用标准化的零部件和连接方式，降低制造成本、提高生产率。

经济性：在满足功能和性能要求的前提下，尽量降低制造成本和使用成本。

安全性：确保设备在使用过程中的安全性，防止对人员和环境造成伤害。

环境适应性：设计应能适应不同的工作环境和条件。

e. 设计过程。

理清主次、统筹兼顾：明确设计的主要任务和限制，将实现其目的的功能分解成几个部分，并从实现主要功能的零部件入手，逐渐连接成完整的机器。

绘制草图：通过绘制草图初定零部件的结构，表示出基本形状、主要尺寸、运动构件的极限位置等。

综合分析：对初定的结构进行综合分析，确定最后的结构方案。这包括找出实现功能目的的各种可供选择结构，评价、比较并最终确定结构。

计算与改进：对承载零部件的结构进行载荷分析，必要时计算其承载强度、刚度、耐磨性等内容。并通过完善结构使结构更加合理地承受载荷、提高承载能力及工作精度。

② 主控系统设计。

a. 设计思路：明确主控系统的功能定位，阐述如何实现对整个项目的控制与管理。描述主控系统与其他子系统的关系，以及如何实现协同工作。

b. 实现方式：介绍主控系统的硬件组成，包括处理器、存储器、输入输出设备等。阐述软件架构，包括操作系统、驱动程序、应用层软件等。说明软硬件如何协同工作，实现项目所需的功能。

c. 技术特点：强调主控系统的技术优势，如高性能、稳定性、可扩展性等。分析所选技术方案的优缺点，以及与其他方案的比较。

d. 预期效果：预测主控系统在实际运行中的表现，包括控制精度、响应速度、稳定性等方面的提升。阐述主控系统对整个项目成功实施的重要性。

③ 通信系统设计。

a. 设计思路：明确通信系统的功能需求，如数据传输速度、可靠性、安全性等。阐述通信系统在整个项目中的作用，以及与其他系统的交互方式。

b. 实现方式：介绍通信系统的硬件组成，如通信模块、天线、接口等。说明通信协议的选择，以及如何实现数据的编解码、传输和接收。

c. 技术特点：强调通信系统的技术优势，如高带宽、低延迟、抗干扰能力强等。分析所选通信方案的适用场景和限制条件。

d. 预期效果：预测通信系统在实际运行中的性能表现，如数据传输效率、通信成功率等。阐述通信系统对提升项目整体性能的重要性。

④ 路径规划。

a. 设计思路：明确路径规划的目标，如实现最短路径、避开障碍物等。阐述路径规划算法的选择依据，以及如何实现优化。

b. 实现方式：详细介绍路径规划算法的实现过程，包括地图构建、障碍物检测、路径搜索等步骤。说明如何根据实际需求调整算法参数，以达到最佳效果。

c. 技术特点：强调所选路径规划算法的优势，如计算效率高、鲁棒性强等。分析与其他算法的对比结果，说明本项目的创新点。

d. 预期效果：预测路径规划在实际应用中的效果，如降低运行成本、提高运行效率等。阐述路径规划对项目成功实施的重要性。

⑤ 软件系统设计。

a. 设计思路：明确软件系统的功能需求，如用户界面设计、数据处理、系统管理等。阐述软件系统的架构设计和模块划分。

b. 实现方式：详细介绍软件系统的开发环境、编程语言、开发工具等。说明各模块的实现方式，包括功能实现、接口设计、数据交互等。

c. 技术特点：强调软件系统的技术优势，如易用性、可维护性、可扩展性等。分析所选技术方案的适用性和创新性。

8）第四章为产品优势及创新点。描述项目在市场需求、用户体验、成本、便捷性等方面的优势，并且与相同类型产品进行比较。详细描述产品在技术研发、创新应用、服务等方面的创新与突破，如采用新技术、新材料、新工艺等，提升产品性能或降低成本。

应结合实际案例、数据或专家评价来支撑论述，使内容更具说服力和可信度。同时，注意语言表达的简洁明了，避免冗余和复杂的表述。通过突出项目产品的优势和创新点，可以有效提升项目在评审或融资过程中的竞争力。

9）第五章为可行性分析。分别从市场可行性、技术可行性、经济可行性、社会与环境可行性方面进行分析。注意逻辑清晰、条理分明，便于评审人员理解和评估项目的可行性。通过全面的可行性分析，可以为项目的顺利实施提供有力支持。

10）第六章为应用前景。介绍与项目相关的最新技术发展，如新技术、新材料、新工艺等。分析这些技术如何应用于项目中，提升项目的创新性和竞争力。预测技术未来的发展方向，以及项目可能带来的长远影响。

11）附录。附录包括项目运用场景证明、相关合同、专利、论文、竞赛奖励（有选择放置）。

（2）商业型项目书示例 具有商业性质的比赛项目通常需要在技术类学科竞赛项目书中增加商业部分，体现出商业运营方式。

1）执行总结（总体纲要）。计划书的总体纲要，需用几句话来进行项目总结。总体纲要的目的是要吸引投资人的注意力，写明公司是做什么的、要占有多大的市场份额、目标客户是谁、未来能达到多大的收入和利润。

2）产品与服务。写清楚公司将来要干什么，提供什么样的产品和服务，解决什么问题。很多产品不止解决一个问题，在商业计划书中，要选择产品的核心特点和优势。具体内容可以包括产品看起来是什么样子、如何使用、其客户价值如何。

3）市场机会。市场规模是商业项目的重要关注点。具体包括市场规模有多大，发展有多快，是集中的市场还是分散的市场，目标市场如何定位和细分，能够产生多大的市场价值。

4）竞品分析。明确竞争对手是谁，并对其进行分析。分析相互之间的优势与劣势，可以决定创新创业的环境和成长的可能性，这是预测能否取得成功的重要指标。市场有很强的垄断性企业，或者有众多同行占有市场，自身又没有特有的优势，竞争力相对不强，企业良性运行就会面临困境。

5）营销策略。写清楚具体市场营销执行计划，也就是市场占有率目标计划怎么实现。要表现出对市场与客户的深度了解，有价值的产品和服务是要通过正确的、成本合理的方式提供给客户的，关键要明确市场营销计划如何执行。

6）商业模式。商业模式是指一个企业如何创造价值、传递价值和获取价值的基本逻辑和方法。它涵盖了企业的目标客户、价值主张、渠道通路、客户关系、收入来源、关键业务、重要合作、成本结构和盈利模式等多个方面。一个成功的商业模式能够确保企业持续满足客户需求，实现盈利，并在竞争激烈的市场中保持优势。商业模式的设计和实施需要综合考虑市场环境、客户需求、企业资源和能力等因素，以实现企业的长期发展和成功。

7）收入与财务预测。收入和财务预测是商业计划书中的一个重点。预测的周期不能太长，一般三年期即可，预测规律合理科学。不只是一个单独的财务数字预测，还隐藏着很多重要内容，尤其要跟前面市场的占有率分析、商业模式分析前后呼应。

财务规划需要花费较大精力来做具体分析，一般可以不包括现金流量表和资产负债表分析，但是营收利润、成本分析以及损益表分析要写明确。

8）团队介绍。团队也是商业计划书中非常重要的一个模块。一个团队应具备的条件包括有相关比赛成功的经验、多元化、团队成员跨学科及跨专业合作，另外还要有明确的负责人（核心）、有执行力和效率、有合适的股权结构（在财务分析中体现）。团队成员的简介内容要能够支撑该项目成长。

9）融资规模与使用。融资金额需要多少资金，在什么时候需要这些资金，通过这些资金的投入公司能够做到什么程度。这部分也要和前面的市场分析、发展计划相呼应，而且要在计划和预测里面确定几个清楚的关键点或者里程碑，公司在什么时候能够达到什么目标，目标业务要和财务兼顾。

融资金额与公司的报价以及计划出让的股份均有关系。一般来说，一次融资出让的股份在 15%~40% 比较合适，再加上公司报价。所以，融资金额是考虑了公司报价、出让股份以及公司发展需求的平均数或者说是中位数。

10）项目风险与规避。没有哪个项目没有风险，所以在商业计划书中，最后也要分析项目的风险和规避方式。

11）附录。附录包括项目运用场景证明、相关合同、意向订单、专家推荐、专利、论文、竞赛奖励（有选择放置）。

8. 路演资料

比赛路演资料的准备是一个系统性的工作，涉及多个方面，以确保路演时能够充分展示项目的优势，获得好的效果。

（1）准备 PPT

1）内容与逻辑：PPT 的内容应简洁明了、突出项目的重点。它可以包括封面、项目背景意义、项目痛点、技术创新、解决方案、商业分析、盈利方式、竞品分析、团队介绍、教育维度、社会实践、融资情况和未来预测等部分。要依据具体大赛的评分点进行针对性设计。

2）字数与页数控制：注意 PPT 字数不宜过多，整体页数要控制在一定范围内，以便在讲解时保持节奏和重点，一般路演控制在 5~10min。

3）PPT 的润色提升：一份优秀的 PPT 是获得路演好评的必备资料，PPT 的整体结构要完整，逻辑要清晰。页面的图、表、数据要与项目有关联，来源有依据。撰写人员可参考"互联网+""挑战杯"国赛路演视频的 PPT 制作。

（2）准备商业计划书　商业计划书应包含项目的详细内容和计划，可以作为 PPT 的补充，供评委仔细阅读。同时，准备商业计划书的打印版，并提前了解评委的人数，多打印一两份备用。

（3）产品准备

1）实物展示：如果有实际产品，建议带上项目的实物成品。这有助于评委更直观地了解项目，并增强项目的可信度和真实度。

2）短视频展示：通常需要录制 1min 的视频展示项目的整体历程。

（4）了解比赛与预演

1）比赛了解：充分了解比赛的主题和要求，选择与项目相符的主题路演活动；了解路演时间和具体要求。

2）预演与调整：进行多次预演，调整讲解内容和时间，确保路演时能够流畅、自信地展示项目。

（5）其他准备

1）口才话术：路演人员是现场展示的关键人员，要做到脱稿演讲，对 PPT 内容明确清晰，自信稳健。同时，也要考虑路演人员需要有备用成员，以便应急上场。

2）团队形象：注意团队成员的着装和形象，展现团队的专业性和精神面貌。

3）提问准备：准备一些可能的问题和答案，积极回答评委的提问，展示团队对项目的深入了解和应变能力。

9. 复盘与再定位

比赛结束后应及时对项目进行复盘与再定位，发现项目的不足，提出改进方法。复盘使参赛者能够系统地回顾比赛过程，识别出哪些策略、方法或决策是有效的，哪些需要改进。通过分析成功和失败的原因，参赛者可以总结出经验教训，避免在未来的比赛中犯同样的错误。

通过对比赛过程的详细分析，参赛者可以发现潜在的问题和不足，进而调整和优化比赛策略。复盘还可以帮助参赛者识别出对手的优势和劣势，为未来的比赛制订更具针对性的策略。

复盘是一个自我反思的过程，它鼓励参赛者审视自己的行为和决策，从而发现自己的不足和需要改进的地方。这种习惯有助于参赛者形成自我驱动的学习机制，从而不断追求进步和成长。

四、实验内容

1）结合专业方向任选一种学科竞赛，解读竞赛说明，选取一个分赛道。

2）确定竞赛选题，自行组队撰写项目书一份、路演 PPT 一份。

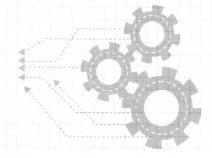

实验十八

机构综合传动控制实验

机构综合传动控制实验采用可自主拼接的模块化结构，将机械原理、机械设计等多门课程的相关传动知识融合在一个综合试验平台上。实验由不同种类的电机、机械传动装置、加载装置、传感器模块组成，可以根据选择或设计的工程实训类型、方案和内容，自己动手进行拆装、测绘、安装、调试和测试，进行控制实训、原理性实训、综合性实训、创新性实训以及研究测试等。把电气控制和机械的组装调试结合到一起，给学生提供了广阔的创新空间。既培养了学生系统设计及功能分析的能力，又训练了学生机械和电气控制综合设计及组装调试的能力。既有机械设计的整机思想，又有控制与机械结合的系统观念，使学生得到全面的训练。

一、实验目的

1. 能够说明各种传动部件的特点、工作原理及机构组成情况。
2. 能够解释传动机构的组成，计算传动机构的传动性能数据。
3. 能够设计实现预定功能的传动系统并采用实物搭建实现。

二、实验设备

1. 综合传动控制实验台。
2. 工具：内六角螺钉旋具套装、活扳手、螺钉旋具、万用表。

实验平台包含：机构群组、驱动器群组、控制器群组、传感器群组，每个群组包含相应的设计要素，通过不同要素组合进行功能设计。

机构群组要素：齿轮齿条、单向离合器、棘轮、曲柄、进给螺杆、曲柄滑块机构、杠杆滑块、槽轮、直线移动平台、传送带、轮盘、直齿轮、蜗轮、分度台、连杆、平面凸轮、平槽凸轮、圆柱端面凸轮、圆柱槽凸轮、线性板凸轮。

驱动群组要素：感应电动机、可逆电动机、步进电动机、伺服电动机、超声波电动机、固定气缸、U形夹气缸、固定式气油转换缸、气动旋转执行器。

控制器群组要素：PLC、PC+数字 I/O 板、模拟 I/O 板、单片机+数字 I/O 板、输入输出接口单元、电磁阀单元。

传感器群组要素：限位开关、光电开关、电位器、磁性接近开关、旋转编码器、重量传感器。

三、实验原理

传动结构是指机械设备中用于传递运动和动力的装置，其主要功能是将动力源（如电动机、气缸等）产生的运动和动力，经过一定的减速、增速、换向或变速后，传递给执行机构，以实现机械设备的工作要求。工业生产实践中，传动机构常常连同动力单元、执行单元、检测单元、控制单元等组成机电产品设备，综合传动控制实验台将上述零件（机构）模块化，分为机械模块（齿轮、带轮、带、型材支架、螺栓、螺母等）、控制模块（计算机、微控制器等）、动力模块（气缸、步进电动机、伺服电动机等）、传感检测模块（限位开关、光电开关等）以及执行模块（机械手等），根据需要在各个模块中选择一个或几个机械零件或电器部件，组装成机械专业相关的简单功能机构，并进行功能演示。

四、实验内容

1. 认识机构运动中各类杆件、轴承、凸轮、齿轮、齿条等零部件，从工具库中选取几种零件组成机械工业中常见的传动机构。

2. 完成机械设计课程中的机械运动方案设计与组装实验，根据下列功能从设计要素中选择设计机构。

（1）输入轴向一个方向连续旋转时，输出为两端减速往复直线运动的机构。

（2）输入轴向一个方向连续旋转时，输出为两端减速摆动的机构。

（3）输入轴往复直线运动时，输出为末端减速往复直线运动的机构。

3. 机电一体化方案实现及电气控制系统调试综合实验。

（1）选取合适的传动结构，设计一条柔性制造产线，要求传送带上的"产品"能够在运送到指定位置后停止，打签，并运离传送带。

（2）基于重量传感器、光电开关，选取合适的传动结构设计一款智能电梯。

（3）自行搭配实验台配套的组件，搭建一款机械专业相关的工业生产设备模型。

4. 自主设计具备一定功能的机构并进行搭建实现。

五、实验方法及步骤

1. 选择实验内容，其中实验1、2为必做，实验3、4为选做。

2. 根据教师讲解工程案例或者自行收集素材，观察工程实际中遇到的产品，或日常生活中见过的装置，分析其功能，提出改进设计方案，说明方案的特点，进行设计。

3. 方案论证，给出不少于2个设计方案，论证得到较优的方案；绘制总体方案结构草图，进行必要的运动分析和相关计算。

4. 从群组要素中按照机械模块、控制模块、动力模块、传感检测模块、执行模块选取所需的机械或电气零部件，并将自己的设计方案利用所选择的机械或电气零部件模型化。

5. 对模型进行调试，检查各部分是否能够正常工作，并调整机构的运动轨迹和速度等参数，以满足设计要求。

6. 记录模型的运动轨迹、速度、加速度等数据，以及在实验过程中遇到的问题和解决方法。

六、举例及工程案例

1. 常见的传动机构

（1）名称　曲柄滑块机构。

（2）应用　曲柄滑块机构是由若干刚性构件用低副（转动副、移动副）连接而成的一种机构，可实现转动和移动相互转换。常用于将曲柄的回转运动变换为滑块的往复直线运动，或者将滑块的往复直线运动转换为曲柄的回转运动。曲柄滑块机构具有运动副为低副，各元件间为面接触，各零部件的几何形状比较简单，加工方便，易于得到较高的制造精度等优点，因而在包括煤矿机械在内的各类机械中得到了广泛的应用，如内燃机机构、压力机机构、自动送料机构、空气压缩机机构等。

（3）选用的模块内容（所组装的机电系统组成）

1）机械模块：型材支架、齿轮、传动轴、斜齿轮、曲柄、摇杆、螺栓等。

2）控制模块：无。

3）动力模块：无。

4）传感检测模块：无。

5）执行模块：无。

（4）实验过程

1）确定所要设计的基于曲柄摇杆机构的机械机构，本实例搭建的是一台流水线用产品剔除装置，如图 18-1 所示，工作时，齿轮带动连杆回转，从而带动固接在滑块上的撞针往复移动。当流水线上检测装置识别到产品缺陷时，给本产品剔除装置发送信号，设备运行，将有缺陷的产品从流水线剔除。

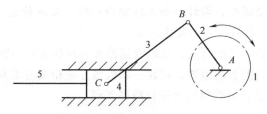

图 18-1　流水线产品剔除装置机构简图
1—齿轮　2—曲柄　3—连杆　4—滑块　5—撞针

2）从群组要素中按照机械模块、控制模块、动力模块、传感检测模块、执行模块选取所需的机械或电气零部件。

3）组装各机械、电气零部件，如图 18-2 所示。

图 18-2　基于曲柄滑块的流水线产品剔除装置

2. 机电一体化综合实验

（1）名称　生产线产品缺陷检测系统。

（2）应用　工业流水线视觉检测设备，是利用机器视觉替代肉眼检测的现代智能设备，其通过 CCD 工业相机高速摄取目标产品的图像信息，通过计算机将其转换成图像信号并进行分析处理，根据判断结果来控制剔除机械装置的动作。可实现全自动化生产流程，全自动上下料、全自动剔除不良品功能，可以提高企业的生产率和产品质量，还可以为企业节省大量的人力和物力成本。

（3）选用的模块内容（所组装的机电系统组成）

1）机械模块：型材支架、传送带、齿轮、机械开关、电线等。

2）控制模块：计算机。

3）动力模块：舵机。

4）传感检测模块：CCD 相机、限位开关。

5）执行模块：多轴机械手。

（4）实验过程

1）确定所要设计的机电一体化设备。

2）从群组要素中按照机械模块、控制模块、动力模块、传感检测模块、执行模块选取所需的机械或电气零部件（本实验平台已将无刷电动机和减速器组合封装为实验舵机，已将多自由度机械臂和机械手、气动吸盘、控制程序模块化，可根据需要直接选取、布置）。

3）组装各机械、电气零部件，如图 18-3 所示。

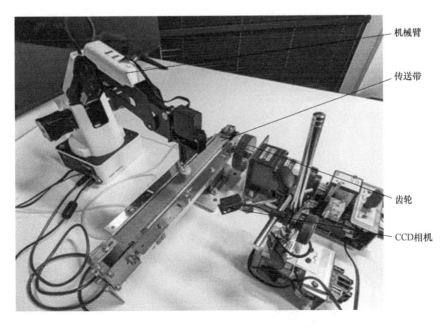

图 18-3　生产线产品缺陷检测系统

4）编译并写入控制程序，进行功能调试。

七、思考题

1. 机构的组成原理是什么？何为基本杆组？

2. 为何要对平面高副机构进行"高副低代"？如何进行"高副低代"？

3. 如果齿轮齿条机构非标准安装时，其节圆、节圆压力角、啮合线、啮合角有无变化？

机构综合传动控制实验报告（1）

实验日期： _____年____月____日

班级： _____ **姓名：** _____ **指导教师：** _____ **成绩：** _____

一、实现以下机械组合之一

1. 输入轴向一个方向连续旋转时，输出为两端减速往复直线运动的机构。

2. 输入轴向一个方向连续旋转时，输出为两端减速摆动的机构。

3. 输入轴往复直线运动时，输出为末端减速往复直线运动的机构。

二、实验内容

（1）设计机构名称

（2）机构在机械工业中的应用

（3）选取模块内容名称

（4）机构的结构原理图

机构综合传动控制实验报告（2）

实验日期：_____年____月____日

班级：_____姓名：_____指导教师：_____成绩：_____

一、所设计的机器名称及选取的传动结构类型

二、选用的模块内容（搭建机器需要的模块）

机械模块：

控制模块：

动力模块：

传感检测模块：

执行模块：

三、机器组装的机构和机电系统工作原理

四、机构设计简图

五、主要控制程序

参 考 文 献

[1] 孙桓，葛文杰. 机械原理 [M]. 9版. 北京：高等教育出版社，2021.

[2] 杨可桢，程光蕴，李仲生，等. 机械设计基础 [M]. 7版. 北京：高等教育出版社，2020.

[3] 濮良贵，陈国定，吴立言. 机械设计 [M]. 10版. 北京：高等教育出版社，2019.

[4] 刘莹，吴宗泽. 机械设计教程 [M]. 3版. 北京：机械工业出版社，2019.

[5] 闻邦椿. 机械设计手册 [M]. 6版. 北京：机械工业出版社，2020.

[6] 诺顿. 机械设计 [M]. 6版. 翟敬梅，李静蓉，徐晓，等译. 北京：机械工业出版社，2023.

[7] 张策. 机械原理与机械设计 [M]. 4版. 北京：机械工业出版社，2024.

[8] 李良军. 机械设计 [M]. 2版. 北京：高等教育出版社，2020.

[9] 汤赫男，孟宪松. 机械原理与机械设计综合实验教程 [M]. 北京：电子工业出版社，2019.

[10] 范元勋，梁医，张龙. 机械原理与机械设计 [M]. 2版. 北京：清华大学出版社，2020.

[11] 魏兵，奚琳. 机械原理 [M]. 4版. 武汉：华中科技大学出版社，2022.

[12] 申永胜. 机械原理教程 [M]. 3版. 北京：清华大学出版社，2015.

[13] 邓宗全，于红英，王知行. 机械原理 [M]. 3版. 北京：高等教育出版社，2015.

[14] 王伯平. 互换性与测量技术基础 [M]. 6版. 北京：机械工业出版社，2023.

[15] 张铁，李旻. 互换性与测量技术 [M]. 2版. 北京：清华大学出版社，2018.

[16] 张春林，赵自强，李志香. 机械创新设计 [M]. 5版. 北京：机械工业出版社，2023.

[17] 张莉彦，张美麟，张有忱. 机械创新设计 [M]. 3版. 北京：化学工业出版社，2022.

[18] 吴军，蒋晓英. 机械基础综合实验指导书 [M]. 北京：机械工业出版社，2014.

[19] 赵骋飞. 机械原理与机械设计实验指导书 [M]. 北京：机械工业出版社，2019.

[20] 李增刚，李保国. ADAMS入门详解与实例 [M]. 3版. 北京：清华大学出版社，2021.